仕事で一生使える

イラストレーター
Illustrator
トレース
テクニック

Adobe CC Windows & Mac 対応

北村 崇／渋谷 瞳 著

JN006166

はじめに

Adobe Illustratorに初めて触れたとき、まず最初の壁となるのが、ベジェ曲線といえるでしょう。なかでも、[ペン]ツールは初心者がもっともつまずきやすく、その特性を理解するまでには、多くの時間と労力を要するツールです。著者である私も、初めてIllustratorを使ったころは、どこをどう動かせば、思った通りの線が描けるのか、想像した通りの加工ができるのか、そこに多くの時間を費やしました。

本書は、そんなAdobe Illustratorの初心者の方を対象としています。
クリック、ドラッグといった操作に、ショートカットキー（Macであれば option や ⌘ キーなど）を加えた、基本すぎるほど基本の動作を、Illustratorではどのように活用し、どのような効果が得られるのか。そして、Illustrator独自の機能を活用することで、どこまで表現が広げられるのか。各章にテーマを設けた形で、順番に解説をしています。

Illustratorは、毎年新機能が追加され、常に進化をしています。5年も経てば、今はできない、新しいイラスト表現も可能になっているかもしれません。しかし、どんなにすごい機能が追加されたとしても、[ペン]ツールをはじめとするベジェ曲線の基本的な考え方や、加工の基礎はそう変わることはありません。ベジェ曲線の基礎は、覚えておけば今後も必ず役に立つでしょう。

本書では、Illustratorの操作、技術の基礎を学び、その応用までを紹介していますが、求める形を表現する方法は人それぞれです。自分ならどう描くか、自分ならどう作るか、いろいろな方法を探しながら、Illustratorでの表現を楽しんでみてください。

この本が、デザイナーやイラストレーターとして活動する、または活動を目指しているみなさまの、少しでもお役にたてれば幸いです。

最後に、本書の編集に尽力していただいた和田さんや、執筆にご協力いただいたみなさま、そして本書を手に取っていただきましたみなさまに、心より感謝を申し上げます。

2021年4月　北村 崇

CONTENTS

本書の使い方

サンプルファイルのダウンロード

本書で説明している作例のファイルは、
技術評論社のサイトからダウンロードすることができます。

1 ブラウザー（Chrome、Safari、Edgeなど）で下記のURLを
入力して本書のサイトを表示します。

> https://gihyo.jp/book/2021/978-4-297-12102-0

2 「仕事で一生使える　Illustratorトレーステクニック」のページが表示されたら、[本書のサポートサイト]というリンクをクリックします。ダウンロードのページに移動します。

3 下記のIDとパスワードを入力して、[ダウンロード]ボタンをクリックすると、お使いのパソコン（通常は「ダウンロード」フォルダー内）に保存されます。

> **ID：trace　パスワード：tech29**

4 保存されたファイルはZIP形式で圧縮されていますので、
展開してお使いください。

● Macの場合は、ZIPファイルをダブルクリックします。

● Windowsの場合は、ZIPファイルを右クリックして表示される
メニューから[すべて展開]を実行します。

本文の指示にしたがって必要なファイルをご利用ください。
なお、手順として新規でドキュメントを作成する場合はファイルは含まれていません。

> ## ご注意
> レッスンファイルの利用は、必ずお客様自身の責任と判断によって行ってください。これらのファイルを使用した結果生じたいかなる直接的・間接的損害も、技術評論社および著者は一切その責任を負いません。これらのファイルは著作権法で保護されており、本書の購入者が学習するためのみにお使いいただけます。再配布はできません。

Adobe Fonts の利用方法

本書のサンプルファイルで使っている文字は、基本的にAdobe Fontsの
フォントを使用しています。Adobe Fontsは、Creative Cloud製品を契約
していれば利用できるサービスです。コンプリートプランのほか、Illustrator
単体プランでも利用できます。

環境にないフォントのアクティベート

Illustratorでサンプルファイルを開いた際に、お使いのパソコンにフォント
がないと表示された場合は、Adobe Fontsからフォントをアクティベート（有
効化）すれば利用できるようになります。なお、Adobe Fontsを利用するに
はインターネットに接続して、Adobe IDでログインしている必要があります。
以下のように操作してください。

1 ［環境にないフォント］ダイアログが
表示され、「ドキュメントには、ご使用
のコンピューターにないフォントが使用さ
れています」という警告と、パソコンにない
フォント名の一覧が表示されます。このうち
「Adobe Fontsからフォントを入手可能で
す」と表示されているフォントはアクティ
ベートすれば利用できます。

2 フォント名の右側の［アクティベート］
にチェックが入っていることを確認し
て［フォントをアクティベート］をクリック
します。お使いのパソコンに自動的にフォ
ントがインストールされ、利用できるように
なります。

アクティベートせずにファイルを
そのまま開いた場合、パソコンに
ないフォントはピンクの背景で表
示されます。その場合は、［書式］
メニューから［環境にないフォント
を解決する］を実行すると、上の
［環境にないフォント］ダイアログ
が表示され、アクティベートするこ
とができます。

さまざまなフォントを探す

Adobe Fontsで利用できるフォントを確認するには、[書式] メニューから [Adobe Fonts のその他のフォント] を実行すると、ブラウザーが開いてAdobe Fontsのサイトが表示されます (「Adobe Fontsにようこそ」と表示されたら [OK] をクリックします)。2000個を超えるフォントファミリーから、さまざまな条件を指定してフォントを探すことができます。

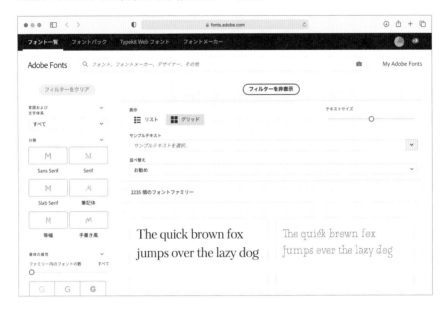

使用中のAdobe Fontsを管理する

Adobe Fontsで利用中のフォントを確認するには、Creative Cloudアプリを起動して、右上の [フォント] f をクリックするとアクティブなフォントの一覧が表示されます。[ディアクティベート] のスイッチを操作して、使用するかしないかを管理できます。ここで [別のフォントを参照] をクリックしても上のAdobe Fontsのサイトが表示されます。

キー表記について

本書はMacを使って解説をしています。掲載したIllustratorの画面とショートカットキーの表記はmacOSのものになりますが、Windowsでも（小さな差異はあっても）同様ですので問題なく利用することができます。ショートカットで用いる機能キーについては、MacとWindowsは以下のように対応しています。本書でキー操作の表記が出てきたときは、Windowsでは次のように読み替えて利用してください。

使用写真について

サンプルファイルの写真は、ぱくたそ（https://www.pakutaso.com/）の素材を使用しています。この写真を継続して使用する場合は、ぱくたそ公式サイトからご自身でダウンロードしていただくか、ぱくたその利用規約（https://www.pakutaso.com/userpolicy.html）をお読みいただき、同意していただく必要があります。同意しない場合は写真を利用することができません。
使用している写真は以下になります。

●5-4 写真からタイル状の背景を作る
https://www.pakutaso.com/20190244057post-19788.html

●7-3 写真トレースで作るショップカード
https://www.pakutaso.com/20200217038post-25688.html
https://www.pakutaso.com/20170429111post-11206.html

●7-4 アナログ感のあるカフェのチラシ
https://www.pakutaso.com/20200630170post-28026.html

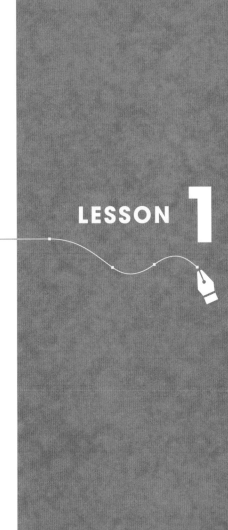

LESSON 1

ベジェ曲線の基本

Illustratorをはじめとするベクトルグラフィックソフトは、ベジェ曲線と呼ばれるデータでイラストやデザインを描画します。このベジェ曲線を扱う上で、もっとも重要なのが [ペン] ツールでの描画です。まずは [ペン] ツールで線を描くことから始めてみましょう。

線を描く

ベジェ曲線を扱う上で、線の描画は必須の作業になります。
まずは基本的な線の描き方を覚えておきましょう。
単純な作業の中にも、正確に描画するためのポイントがあるので、
動きを理解できるまで何度も繰り返すようにしてください。

1 レッスンファイル01-01.aiを開きます。

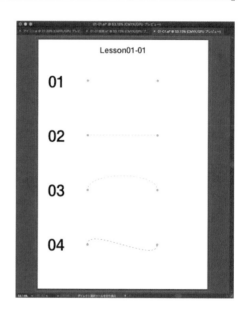

2 ツールバーの［ペン］ツール P を
選択します。

3 ［ウィンドウ］メニューから［レイヤー］を選
択し、［レイヤー］パネルで、「練習」レイヤー
を選択して下さい。緑色の破線が描かれている
「下絵」レイヤーはロックされているので触れま
せん。

STEP 01 直線を描く

Lesson01-01

01

1 [ペン]ツールの状態で下絵01の左の緑丸の上で1回クリックします。きちんと押せていれば、押している間は[ペン]ツールのポインターが黒いポインターに変わります。

クリック
▼▼▲▲

POINT

クリックの操作

クリックはマウスの左ボタン（またはトラックパッドなど）を1回押して放すまでの一連の動作です。

1クリック

2 マウスを右に移動させると、**ラバーバンド**という描画の予測線がプレビュー表示されます。

ラバーバンド

3 続けて右の緑丸の上を1回クリックします。[Esc]キーを押すとラバーバンドが消えて一連の操作を終了します。

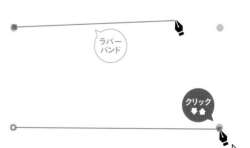

クリック
▼▼▲▲

STEP 02 水平な直線を描く

先ほどの直線はクリックだけで描画したので、クリックする場所によっては
少し斜めになっていたり、ずれて描画されたかもしれません。そこで、Shift
キーを使った水平な直線を描いてみましょう。

1 02の緑の破線に沿って線を描くためには、Shiftキーを使います。左の緑丸の上を01と同様にクリックします。

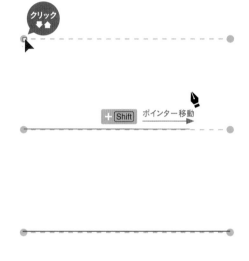

2 Shiftキーを押しながら右側にマウスを移動させます。すると、[ペン]ツールのポインターが多少上下にずれていても、ラバーバンドは水平を保ったまま横に伸びていくのが確認できます。

3 右の緑丸をクリックすれば正確な水平の線が描画できます。

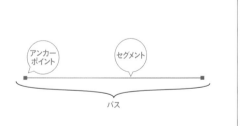

POINT

パス・アンカーポイント・セグメント

こうして描かれた線は、全体を「パス」と呼びます。またペンの始点や終点としてクリックした部分を「アンカーポイント」、アンカーポイントとアンカーポイントをつなぐ線を「セグメント」と呼ぶので覚えておきましょう。

アンカー
ポイント

セグメント

パス

STEP 03 曲線を描く

1 03の左側の緑丸部分でマウスボタンを押し込みます。指を放してクリックにしてしまわないように注意しましょう。

2 マウスボタンを押したまま、ポインターを上に移動させると、**ハンドル**と呼ばれる線が上下に伸びます。図のような長さになったらマウスボタンを放して、ドラッグを完了させます。

3 ポインターを右に移動させると、ラバーバンドが曲線を描くようにプレビューされます。ラバーバンドはいま描いている線がどのように描画されるかを表していますが、曲線が表示されていれば問題ありません。

4 右側の緑丸の上から、再びドラッグ操作をします。下にポインターを移動させ、ハンドルがの長さが左と同じくらいになったところで指を放して完了させましょう。

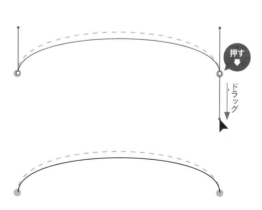

5 これで曲線が完成です。

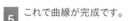

1 曲線を描くときと同じように、04の左側の緑丸から上にハンドルを引っ張ります。

2 今度は右側の緑丸のところで、上に向かってドラッグしてみましょう。2つのハンドルを同じ方向に引っ張ることで、波線が描けました。

POINT

ハンドルとセグメントの関係

ハンドルとセグメントは、[ペン]ツールで描くときの重要なポイントです。ハンドルをどの向きに、どのくらい引っ張るとどんな線が描けるのか、いろんなパターンを描いて試してみましょう。

ハンドルとセグメントの関係は、例えば「厚紙」や「下敷き」をイメージすると少しだけわかりやすくなります。

上下どちらにも力を入れずに持っている状態が「直線」。両手で下敷きを上に曲げた状態が「曲線」。両手で違う方向に力を入れると「波線」に近い状態がイメージできます。

片方だけ歪ませたとき、両方歪ませたとき、いろんな方向に力を入れてみたときのセグメントの変形をイメージする参考になると思います。

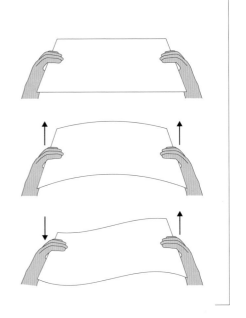

オープンパスと クローズパス

パスの特性のひとつとして、オープンパスとクローズパスがあります。
違いを覚えたうえで、クローズパスの描き方を練習してみましょう。

レッスンファイル01-02.aiを開きます。
先ほどまで描いていた線はオープンパスと
呼ばれます。両端のアンカーポイントは1つ
のセグメントにしかつながっていません。途
中でアンカーポイントやセグメントを増やし
たとしても、全体が閉じていないパスはオー
プンパスです。
ここではクローズパスと呼ばれる、閉じた
状態のパスを描きます。クローズパスでは、
すべてのアンカーポイントが必ず2本のセグ
メントとつながった状態になります。

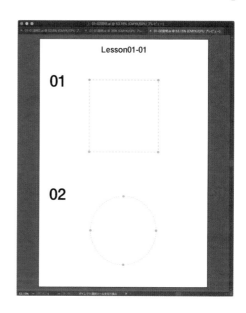

オープンパス

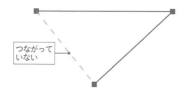

クローズパス

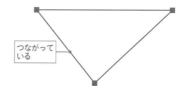

STEP 01 長方形を描く

1 まずは直線でクローズパスを描いてみましょう。[ペン]ツールを選択し、01の左上の丸を始点にクリックします。

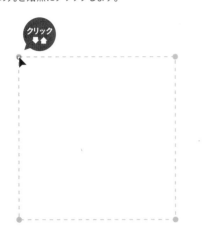

2 次に、右上❶、右下❷、左下❸と順番にクリックして4点にアンカーポイントを作りましょう。

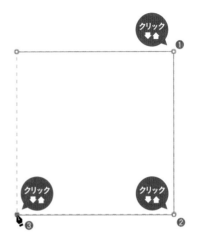

3 最後に始点である左上のアンカーポイントの上にマウスを戻すと、ペン状のポインターの横に小さな丸が表示されます。この状態でクリックをすればアンカーポイントにつなげたことになるので、丸が表示されている状態でクリックをしましょう。

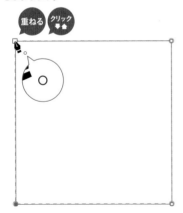

4 これでクローズパスの完成です。

STEP 02 円を描く

1 同じように [ペン] ツールでクローズパスの円を描いてみましょう。曲線や波線を描いた時と同様に、始点となるアンカーポイントのハンドルをドラッグしながら描画します。[Shift] キーを押しながらドラッグすると、簡単に真横にドラッグすることができます。歪みの少ない線を描きたいときは [Shift] キーを頻繁に使用するので、覚えておきましょう。

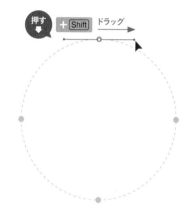

2 続けて右の丸を下にドラッグ❶、下の丸を左にドラッグ❷、そして左の丸を上にドラッグ❸して円を描いていきます。

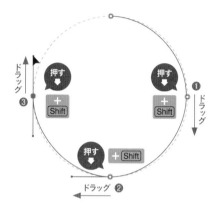

3 最後に始点となる上のアンカーポイントの上にポインターを重ねて、先ほどの長方形と同様に [ペン] ツールに丸のマークが出たところで右にドラッグします。これで円が描けました。

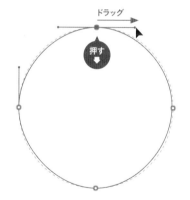

POINT

ペンは常に進む方向に走らせる

[ペン] ツールでパスを描く際、ハンドルは次に進みたい方向へドラッグします。誤って進む方向と逆にドラッグすると、歪んだ波状の線になってしまいます。「ペンは常に進む方向に走らせる」と覚えておきましょう。

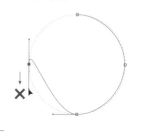

1 3 オブジェクトの線と塗り

「オブジェクト=Illustrator上に描かれた1つの要素」という
意味になるので覚えておきましょう。ここでは、
それらオブジェクトに対する塗りと線について説明していきます。

[ペン] ツールを含め、その他の [長方形] ツールや [楕円形] ツール、[線]
ツール、[文字] ツールなど、図形やイラストだけでなく、Illustrator上に描
かれたものはすべて「オブジェクト」と呼びます。

STEP 01 オブジェクトの塗りと線

1 レッスンファイル01-03.aiを開きます。

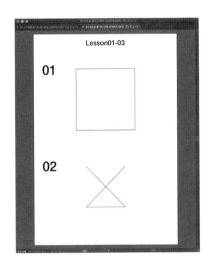

2 ツールバーの [選択] ツール V を選択し、01の長方
形をクリックしてみましょう。選
択されたオブジェクトに青い線と四角いポ
イントが8点表示されます。これは**バウン
ディングボックス**といい、オブジェクトが
操作できる状態を表します（67ページ参
照）。

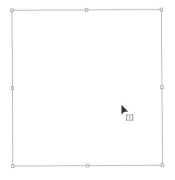

3 ［ウィンドウ］メニューから「カラー」を選択して［カラー］パネルを表示します。このパネルの左上に表示されている、白と黒のアイコンが塗りと線を表しています。この場合、白いものが塗り、黒い枠が線になります。

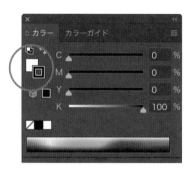

4 白い四角が上に重なっているときは塗りを選択中、黒い枠が上に重なっているときは線を選択中という意味があります。マウスでポインターを白い長方形の上に持っていき、クリックして白い塗りを選択した状態にしましょう。

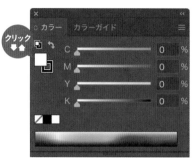

5 その状態で、試しにC（シアン）のスライドバーを一番右の100％まで変更してみます。変更は右の数値を直接入力してもできます。

POINT

カラーモードの切り替え

色の表示が、RGBやHSBなどになっている場合は、右上のパネルメニューアイコンをクリックすると、カラーモードを選択できますので、今回はCMYKの印刷用設定にしておきましょう。

6 今度は［カラー］パネルで線を選択し❶、K（黒）を下げてM（マゼンタ）を100％にしてみましょう❷。この状態では線がほとんど見えないので、変わっていることが確認しにくくなっています。

7 線の太さを変更してみましょう。［ウィンドウ］メニューから［線］を選択して、［線］パネルを表示します。初期設定では線幅は小数点以下に細くなっています。線幅の数値を5mmくらいまで大きくすると、塗りと線の関係がはっきりと確認できます。

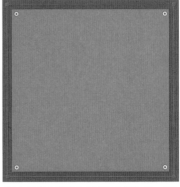

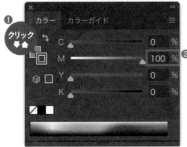

POINT

パネルの数値の変更方法

線幅を変えるには［線幅:］の文字の上❶か、数値ボックス部分❷を直接クリックすると数字を入力できます。

上下の矢印部分のどちらか❸をクリックすると、整数単位で太さを変更することができます。

STEP 02 オープンパスの塗りと線

02のオブジェクトは先ほどの長方形と違い、始点と終点のアンカーポイントがつながっていないオープンパスで作られています。ここでも塗りと線を変更して関係を確認しておきましょう。

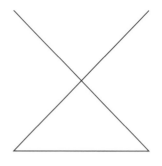

1 02のオブジェクトを[選択]ツールで選択します。

2 先ほどの長方形と同じく、塗りをC:100%、線をM:100%、線幅を5mmに変更してみます。オブジェクトの上辺は線はつながっていませんが、塗りだけは存在します。

3 Illustratorの場合、オープンパスのアンカーポイントの間も、自動的に塗りが適用されます。他の図形でも同じように塗られるので、いくつか好きな形を描いて塗りがどのように表示されるか試してみましょう。

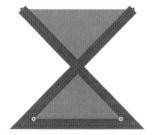

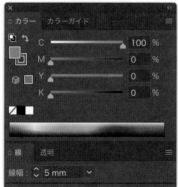

4 オープンパスで塗りを入れたくない場合
は、カラーパネルの左下にある［／］アイコ
ンをクリックすると、塗りをなしにしてくれます。

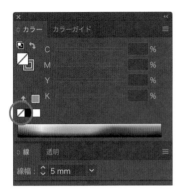

塗りと線の設定

オブジェクトの塗りと線の設定は、［カラー］
パネルだけでなく、ツールバーの下部、［プ
ロパティ］パネルでも設定することができま
す。パネルが違うだけで結果は同じなので、
自分で使いやすいパネルを選んで設定を変
更しましょう。

折り返し線や コーナーポイント

折り返し線の表現はイラストを描いたり、トレースなどでは
必ず使うことになります。曲線からの折り返しや、直線と曲線の
組み合わせなどさまざまなパターンが考えられますので、
基本的な操作を学んでおきましょう。

STEP 01 曲線の折り返し

1 レッスンファイル01-04.aiを開きます。

2 01の左上の丸の位置で、円を描くとき
と同様に右にドラッグしハンドルを伸
ばします❶。続けて下の丸の位置で下にド
ラッグしてハンドルを伸ばしますが❷、ここ
でマウスボタンはまだ放さないでください。

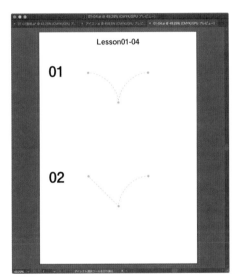

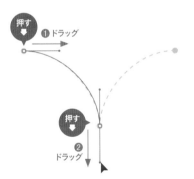

3 option キーを押します。マウスボタンと
option キーを押したまま、ポインターを右上
に動かしてみましょう。すると、アンカーポイント
を基点に、後方のハンドルは固定され、ポイン
ターに追随するハンドルだけが向きを変えます。

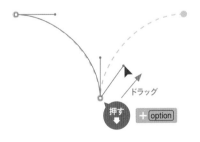

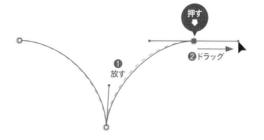

4 ポインターを上に動かしてマウスのボタンを放します❶。最後に右の丸から右に向かってハンドルを伸ばします❷。これで曲線の折り返しができました。

折り返しは [option] キーとマウスのドラッグを押すタイミングなどがポイントになるので、何度か練習してスムーズな切り替えができるようになりましょう。

STEP 02 直線と曲線の切り替え

曲線からの切り替えとは違い、直線の場合は片方が
ハンドルのない状態から作成します。

1 02の左の丸の位置をクリックし❶、続けて下の丸の位置をクリックして❷直線を作成します。このまま右上の丸にポインターを合わせると、ラバーバンド（予測線）では、曲線ではなく直線が描画されてしまいます。

2 下のアンカーポイントの上で [option] キーを押してみましょう。見た目の変化はありませんが、Illustratorの画面の一番下、書類や現在のツールの状態を示す部分の表示が「ペン」から「ペン：コーナーを作成」に変わります。

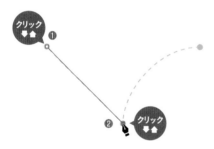

POINT

現在のツールの確認

表示が「ツールの状態」ではない場合は、右の▶アイコンをクリックして［表示→現在のツール］を選ぶと表示を切り替えることができます。

3 option キーを押したままの状態で下のアンカーポイントでマウスボタンを押し、上にドラッグしてみましょう。新しいハンドルが作成され、上に伸ばすことができます。さらに Shift キーを押すと、垂直方向に固定できます。直線の1/3程度の長さでマウスボタンを放すと、ハンドルの方向と長さが確定します。

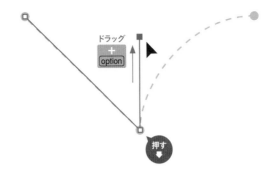

4 右の丸の上で Shift キーを押しながら右に水平にドラッグします。3つ目のアンカーポイントが作成され、直線からの曲線が描画されます。

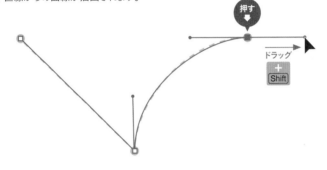

5 ベジェ曲線の編集

これまで直線や曲線といったオブジェクトを一発勝負で
描いてきましたが、パスなどのオブジェクトは
あとから編集することができます。ここではすでにあるパスを
思い通りに変形する方法を学んでいきましょう。

STEP 01 アンカーポイントの編集

1 レッスンファイル01-05.aiを開きましょう。

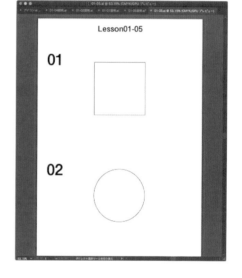

2 ツールバーから［ダイレクト選択］ツールを選択し、01の長方形の左上のアンカーポイントの上にポインターを重ねると、その部分だけ四角くターゲットが表示されます。

3 そこでマウスボタンを押し込みアンカーポイントをドラッグすると、アンカーポイントの位置を変更することができます。

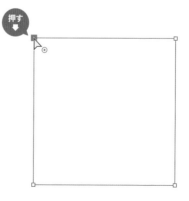

4 変形後の状態をラバーバンドで確認することができるので、任意のところでマウスを放して変形（移動）を完了させましょう。

ドラッグ

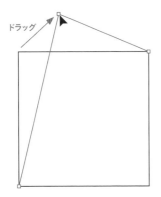
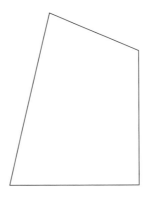

STEP 02 ハンドルの編集

曲線などの場合はハンドルをあとから編集することができます。

1 02の円を使って試してみましょう。［ダイレクト選択］ツールを選択し、円の上部にあるアンカーポイントをクリックして選択します。

クリック

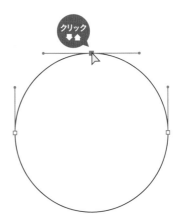

POINT

アンカーポイントを探す

円など角のない形状のものはアンカーポイントを見た目ですぐに見つけることができませんが、［ダイレクト選択］ツールで円の上辺中央にポインターを重ねると四角くターゲットが表示されます。

2 表示されたハンドル右端の●にポインターを合わせてマウスボタンを押し、右にドラッグしてみましょう。するとラバーバンドが変形して表示され、円が歪んでいくのがわかります。

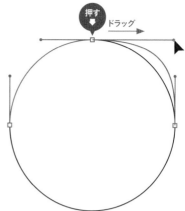

3 [ダイレクト選択]ツールのまま、今度は円の右側のアンカーポイントから上に伸びるハンドルの●にポインターを合わせ、同時にoptionキーを押してみましょう。するとポインターの横に+マークが表示されます。

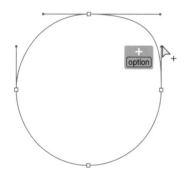

4 optionキーとマウスボタンを押したまま、ハンドルをドラッグで左へ移動させれば、図のようにコーナーポイント（32ページ参照）に変更できます。

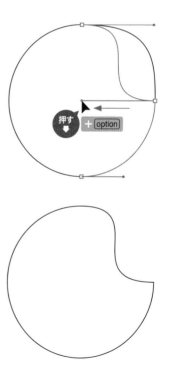

| STEP 03 セグメントを使った編集

パスの編集はアンカーポイントの位置や、ハンドルだけでなく、
セグメントをつかんでドラッグする操作でも行えます。

1 ［ダイレクト選択］ツールを選択し、02の円
のアンカーポイントをつなぐセグメント部
分にポインターを合わせると、ポインターの右
下に■が表示されます。これは「オブジェクトを
選択できる位置にある」ことを表すマークです。

2 その状態でマウスボタンを押し込むと、ポ
インターに「両端が■の1/4円弧」マーク
が表示されます。これは「セグメントをつかんで
いる」状態を表しています。

3 右上にドラッグしてみましょう。アンカーポ
イントの位置は変わらず、両端の2つのア
ンカーポイントのハンドルの向きと長さがマウス
に引っ張られるように変わり、関係する3つのセ
グメントが変形します。

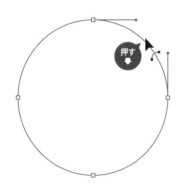

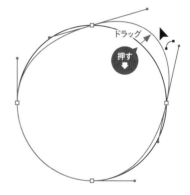

4 図のような卵形になりました。
セグメントをつかんでの変形
は、ハンドル操作による変形に比べ、
感覚的で大まかに操作できます。

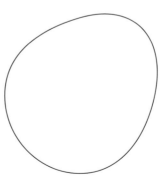

LESSON **1** ベジェ曲線の基本

1
5 ベジェ曲線の編集

アンカーポイントから伸びるコーナーは、スムーズポイントとコーナーポイントと呼ばれる2種類に分類されます。2本のハンドルの角度が180°の一直線だとスムーズポイント、それ以外の角度だとコーナーポイントです。ハンドルが片方だけ、あるいは両方のハンドルがない場合もコーナーポイントになります。

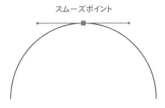

スムーズポイント

コーナーポイント

1 01で使用した長方形を活用して確認してみましょう。変形させた状態からでも問題ありません。アンカーポイントの移動時と同じように、[ダイレクト選択]ツールでコーナーポイントを1つ選択します。

2 ツールバーから[ペン]ツールを選択し、option キーを押します。するとポインターが[アンカーポイント]ツールに変化します。選択したアンカーポイントに重ねます。

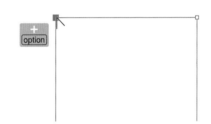

POINT

アンカーポイントツールの利用

[ペン]ツールを選んで option キーでの切り替えが難しい場合は、ツールバーから直接[アンカーポイント]ツールを選択して操作してください。その場合は、**1**の選択操作は必要なく、アンカーポイントをドラッグすればすぐにハンドルを引き出すことができます。

3 [アンカーポイント]ツールの状態で、右上にドラッグしてみましょう。ハンドルのなかったコーナーにハンドルが表示され、曲線を描くラバーバンドが表示されます。[ペン]ツールで描

画中にポイントを変更する場合は、この option キーを使ったショートカットを覚えておくと作業がスムーズです。

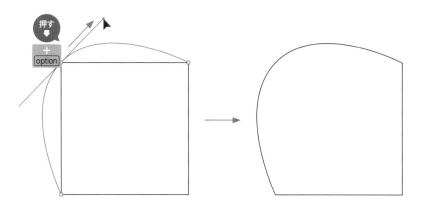

4 [アンカーポイント]ツール([ペン]ツールで option キーを押している状態)は、スムーズポイントからコーナーポイントへ切り替えるこ

ともできます。アンカーポイントの上でクリックをするだけで、ハンドルが消えてコーナーポイントになります。

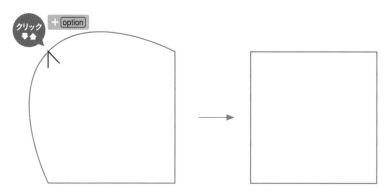

POINT

ツールバーに入れるツールを選ぶ

ツールバーに使いたいツールが見当たらないときは、ツールボタンの長押しで出てくるサブメニューにあるか、ツールが非表示になっている可能性があります。ツールバー一番下の［…］アイコンをクリックするとすべてのツールを一覧で表示することができるので、探してみましょう。

グレーアウト（灰色）になっているツールはすでにツールバーに登録されています。マウスを重ねるとツールバーのそのツールの登録されている場所（ツールグループ）が青く表示されます。長押しして選択しましょう。

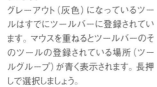

白い文字のツールは非表示状態のツールですので、ツールバーの好きな位置またはツールグループ上にドラッグすると追加され、選択できるようになります。

［すべてのツール］パネル右上のパネルメニューをクリックして［詳細設定］を選ぶと、すべてのツールがツールバーの中に格納されます。なお［新しいツールバー］は、自分がよく使うツールだけ集めた標準とは別のツールバーを作ることができます。

LESSON 2

ベジェ曲線
徹底マスター

Illustratorは、ただ線や図形を描くだけで
なく、アナログの紙やペンでは表現するの
に手間がかかる、さまざまな加工を行うこと
ができます。デジタルツールならではの機
能を学び、表現の幅を広げていきましょう。

パスの整形

1章で基本的なパスの描き方と編集を学びましたので、
ここでは実践的な編集やパスの描き方を学んでいきます。
理想の線の形に編集ができるようになりましょう。

STEP 01 パスの微調整

レッスンファイル02-01.aiを開きます。「下絵」のレイヤーには理想の線（緑の点線）と、理想のアンカーポイント位置（赤い点）が表示されていますので、この形になるように調整していきます。

01にはパスで描いた「1、2、3」の数字が用意されていますが、線の長さが足りなかったり、歪んだ曲線になっています。パスの編集でこれらを整えていきましょう。

アンカーポイントを
真下に移動する

数字の「1」の縦線が短いので長さを伸ばしましょう。

[ダイレクト選択] ツールで「1」の下部アンカーポイントを赤い点の位置までドラッグで移動します。この際、フリーハンドでは線の垂直がずれることがあるので、[Shift] キーを押しながらドラッグしましょう。

アンカーポイントを探して
移動する

数字の「2」には計4カ所のアンカーポイントがありますが、位置がずれています。それぞれを移動させて形を整えていきます。

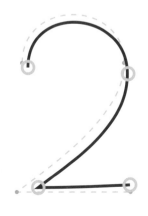

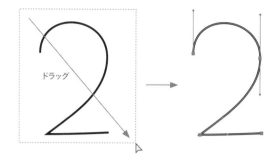

1 アンカーポイントの位置がわからないときは、[ダイレクト選択]ツールでドラッグしてオブジェクト全体を選ぶか、[選択]ツールでパス全体を選択したあとに[ダイレクト選択]ツールに切り替えると、アンカーポイントの位置に青いマーカーがつきます。

2 4箇所のアンカーポイントを、下絵のアンカーポイント位置（赤丸）まで[ダイレクト選択]ツールで移動させてみましょう❶❷❸❹。アンカーポイントの動かし方や探し方は、何度か練習すればすぐにコツをつかむことができます。

ハンドルやセグメントを再編集する

1 [ダイレクト選択]ツールで数字の「3」の上辺に当たるセグメントの中央（青丸）部分をつかみ❶、Shift キーを押しながら理想ライン（緑の点線）の位置までドラッグしましょう❷。

ドラッグ + Shift

POINT

Shift キーを活用する

フリーハンドでセグメントの移動が左右にブレてしまうと、ハンドルが斜めになりセグメントが思った通りの場所に行かない場合があります。Shift キーを押しながらドラッグすると、ハンドルの位置を上下左右、45度ずつのラインのいずれかに矯正することができます。さまざまな局面で頻繁に使うので覚えておきましょう。

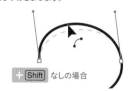

+ Shift なしの場合

2 右下のアンカーポイントを［ダイレクト選択］
ツールで選択すると、ハンドルが表示されます。

3 上に伸びるハンドルをつかみ、左下にドラッグし
て理想ライン（緑の点線）に近づけます。ここで
も［Shift］キーを押しながら動かすと、ハンドルの方向
を垂直にできます。移動中に表示されるラバーバンド
を見て理想のライン（緑の点線）に重なったらマウス
を放します。

4 下に伸びるハンドルをつかみ、［Shift］
キーを押しながら真下に伸ばせば、
綺麗な形に整えることができます。

STEP 02 アンカーポイントの追加と削除

アンカーポイントの追加

02の左側は、「逆くの字」を描くための下絵が用意されていますが、現在描
かれているのはアンカーポイントが両端の2つのみの直線です。そこで、セ
グメントの途中にアンカーポイントを追加し、逆くの字に調整してみましょう。

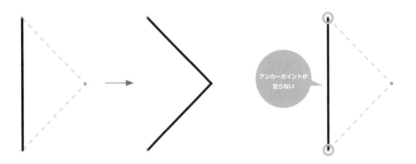

1 ［選択］ツール、または［ダイレクト選択］ツールでパスを選択します。

2 ［ペン］ツールを選択して、セグメントの上の好きなところにポインターを合わせると、［ペン］ツールに「＋」マークが表示されます。そのままクリックをすれば、セグメント上にアンカーポイントが追加されます。

3 ［ダイレクト選択］ツールに切り替えて、先ほど追加したアンカーポイントの部分でマウスボタンを押して右にドラッグします。下絵の右側の赤い丸に重なったところでマウスボタンを放します。

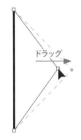

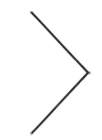

アンカーポイントの削除

02の右側の長方形は「D」の形に変形します。長方形は4つアンカーポイントがありますが、Dは3つでよいので今度はアンカーポイントを1つ削除してみましょう。

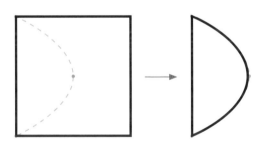

1 ［選択］ツールまたは［ダイレクト選択］ツールで長方形をクリックして選択します。

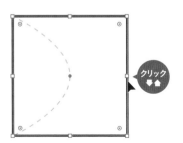

2 ［ペン］ツールを選択し、アンカーポイントの上にポインターを乗せると、今度はマイナス「―」マークが表示されます。右上のアンカーポイントをクリックすると、長方形からアンカーポイントが1つ削除され、半分の三角形になります。

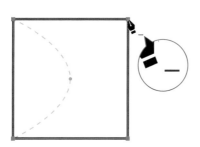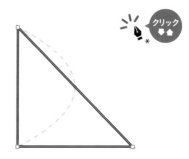

3 ［ダイレクト選択］ツールで、右下のアンカーポイントをドラッグして下絵の赤い丸まで移動させます。

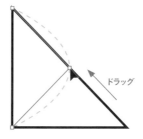

4 ハンドルのないコーナーポイントにハンドルを追加します。オブジェクトを選択した状態のまま［ペン］ツールを選択し、option キーを押しながら右のアンカーポイントを下にドラッグすると、ハンドルが表示されます。ラバーバンドが下絵の破線に重なったところでマウスボタンを放します。

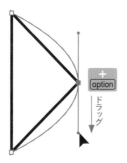

パスを分割する

2 — 2

パスを一気に描画したあとに、個別に操作するために複数に
分割したい場合があります。Illustratorには描画したオブジェクトを
さまざまな形で分割、切り取りできるツールがありますので、
状況に応じて使い分けましょう。

描画したオブジェクトを分割、切り取るツー
ルとしては、[はさみ]ツール、[ナイフ]ツー
ル、[消しゴム]ツールがあります。それぞ
れ試してみましょう。レッスンファイル02-
02.aiを開きます。

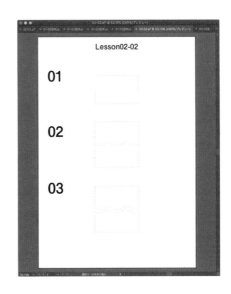

STEP 01 はさみツール

[はさみ]ツールはピンポイントでセグメントやア
ンカーポイントを切り離します。図のようにオブ
ジェクトをアンカーポイントやセグメントの途中で
切り離し、分割したい場合に使います。

[長方形]ツールで、01の右上の緑の破線
に重ねるようにドラッグして長方形を描き
ます。線の設定は太めの1mmにして色は任意
で、塗りをなしにします。

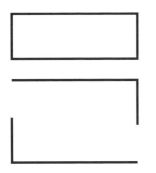

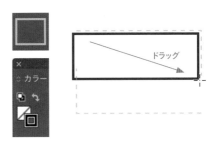

ドラッグ

2 ツールバーから[はさみ]ツール（[消しゴム]ツールのサブグループ）を選択します。

3 長方形の左上のアンカーポイントの上でクリックします❶。見た目で変化はわかりませんが、そのまま右下のアンカーポイントの上もクリックします❷。

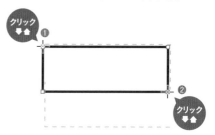

4 [選択]ツールを選んで、下辺のセグメントをつかんで下にドラッグしてみましょう。先ほど[はさみ]ツールでクリックしたアンカーポイントの部分で長方形が2つに切り離されています。

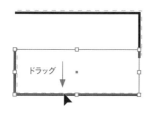

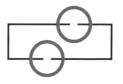
STEP 02 ナイフツール

[ナイフ]ツールはオブジェクトを切り離したり、切り込みを入れることができます。切った結果はクローズパスとなります。

1 [長方形]ツールを選択して、02の破線で描かれた下絵に沿って長方形を描きましょう。設定は先ほどと同じ線幅1mm、塗りなしにしておきます。

2 ツールバーから[ナイフ]ツールを選択します。

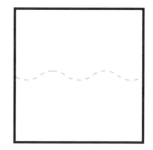

POINT

ナイフツールを表示する

ワークスペースが[初期設定]など[Web]以外のときは、ツールバーの設定が[基本]だと、ツールバーに[ナイフ]ツールは表示されません。34ページを参考にツールバーを[詳細表示]にして表示させてください。

3 破線の下絵に沿って、[長方形]ツールの上を、波を描くようにマウスでドラッグしてみましょう。長方形はナイフで切ったように2つのオブジェクトに分割されます。

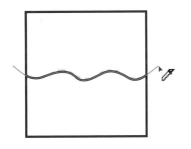

4 [選択]ツールを選んで、下側のオブジェクトを動かしてみると、上下に分割されているのがわかります。[ナイフ]ツールはフリーハンドで直感的にカットできるのが特徴です。

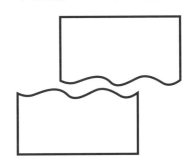

POINT

重なったオブジェクト

オブジェクトが重なっている場合は下のオブジェクトも同時にカットされます。どれか1つを切りたい場合は、[選択]ツールで対象を選択してから[ナイフ]ツールを使いましょう。オブジェクトが重なった状態でも、任意のオブジェクトのみをカットすることができます。

STEP 03 消しゴムツール

[ナイフ]ツールは太さがない線でオブジェクトを切りましたが、[消しゴム]ツールは指定したブラシ幅をオブジェクトから除外します。

1 [長方形]ツールを選択して、03の破線で描かれた下絵に沿って長方形を描きましょう。設定は先ほどと同じ線幅1mm、塗りなしにしておきます。

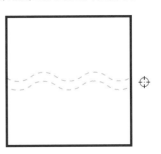

2 ツールバーから
［消しゴム］ツー
ルを選択します。

3 ［消しゴム］ツールはブラシのサイズがあり、画面上の十
字のポインターに円でブラシサイズが表示されています。
［消しゴム］ツールを選択した状態で return キーを押すか、
ツールバーの［消しゴム］ツールをダブルクリックしてみましょ
う。ダイアログボックスが表示されて詳細を設定することが
できます。ここでは通常のサイズ10ptのままで使用します。

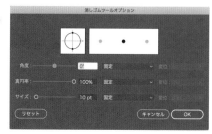

4 ［ナイフ］ツールと同じように、描画してお
いた長方形の上を［消しゴム］ツールで波
型にドラッグしてみましょう。ブラシ幅がオブジェ
クトから除外されました。

5 途中で止めると、切り抜かれたクローズパ
スになります。オブジェクトの内側でドラッ
グすると切り抜かれた複合パスになります。

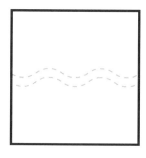

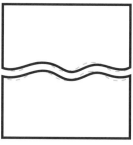

パスを連結する

2 - 3

アンカーポイントがない箇所にはセグメントはつながらないため、
パスの連結はアンカーポイント同士を連結するときに使います。
ここでもいくつか方法があるので、
それぞれの動きの違いを確認しながら練習してみましょう。

STEP 01 連結コマンド

1 レッスンファイル02-03.aiを開きます。
01の下絵の2本の破線に合わせて、
[ペン]ツールで縦線を2本描画しましょう。

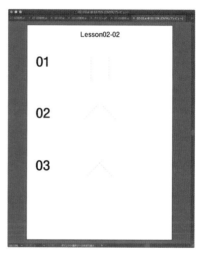

2 [選択]ツールで2本の線を選択し、
[オブジェクト]メニューから[パス]→
[連結]を選択します。

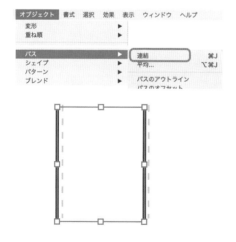

POINT

別のオブジェクトで描く

2本の線を続けて描くとつながってしまいます。1本を描いたところで Esc キーを押すか、一度[選択]ツールなど他のツールに切り替えてオブジェクト外をクリックするか、ショートカットキーの ⌘ + Shift + A ([選択]メニューの[選択を解除])で行うとスムーズです。

3 すると上辺が連結し、下向きのコ
の字型になるはずです。確認した
ら⌘+Zキーで取り消します。

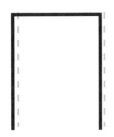

POINT

連結のルール

連結メニューの場合、自動的に
「一番近いオープンのアンカーポ
イント同士を結合する」という動き
をします。そのため、仮に連結した
いアンカーポイントよりも近い箇所
に他のアンカーポイントがあると、
そちらに連結してます。

つなげたい線

つながる線

4 連結するアンカーポイントを指定するには、
[ダイレクト選択] ツールを使います。複数
の箇所を選ぶにはShiftキーを押しながら、左
上、右下のアンカーポイントの2カ所クリックし
ましょう。

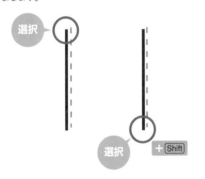

選択

選択 + Shift

5 [オブジェクト] メニューから [パス] → [連
結] を選択します。N型にパスをつなげるこ
とができました。連結の際は、[ダイレクト選択]
ツールでShiftキーを押しながら2つのアンカー
ポイントを選択すると覚えておきましょう。

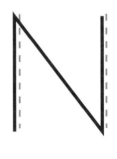

POINT

ポイントを集約する

[連結] コマンドはアンカーポイン
ト同士をセグメントでつなぐ以外に
も、重なった2つのアンカーポイン
トを1つにして連結することもでき
ます。異なるパスに属する重なっ
ているアンカーポイントを選択して
連結すると、合計4つのアンカー
ポイントではなく、合計3つのアン
カーポイントになります。

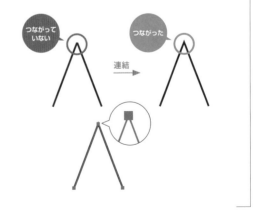

つながって
いない

つながった

連結

STEP 02 連結ツールその1

[オブジェクト]→[パス]→[連結]コマンドに似たツールで[連結]ツールがあります。[連結]ツールは足りないパスを自動で補いながら連結してくれる特徴があります。ワークスペースが[初期設定]でツールバー設定が[基本]では非表示ですので、34ページを参考にツールバー設定を[詳細設定]に変更してすべてのツールを表示してください。

1 02のハの字型の緑の破線に沿って、[ペン]ツールで線を2本描画します。

2 [オブジェクト]メニューから[パス]→[連結]を選択すると、上部が平らな形でつながります。確認したら⌘+Zキーで取り消します。

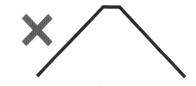

山の頂点を1つにしたいなら、どちらかのパスを移動してアンカーポイントを重ねて[オブジェクト]→[パス]→[連結]コマンドを実行すればよいのですが、1手間かかってしまいます。そこで、[連結]ツールを使って簡単に頂点を作ってみましょう。

3 [連結]ツールを選択して、先ほどのハの字の上を大まかにドラッグしてなぞってみましょう。なぞったエリアが青く表示されるので、両方のパスの上を通過した時点でマウスを放します。

4 描画されていなかったハの字の上部が自動的に伸びて頂点が連結されます。

5 ただし、連結前の元のアンカーポイントは残ってしまいます。気になる場合は[ペン]ツールに切り替えて、余分なアンカーポイントの上でポインターに「ー」マークが出た状態でクリックして削除しておきましょう。

1 03の交差した緑の破線に沿って、[ペン]ツールで線を2本描画します。

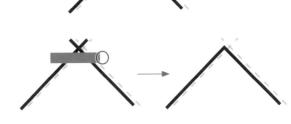

2 [連結]ツールを選択し、2本のパスの上をドラッグしてなぞります。すると今度は、あったはずのパスの一部が削除され、重なった頂点のみが作成されます。

このように、[連結]ツールは少し足りない部分のパスを自動で処理してくれます。
この他にも、多角形、星型星形などでも自動的に補完してくれるので、いろんな形状で試してみましょう。ただし、円形などカーブで処理されるものはスムーズな形状では処理がされず、直線を伸ばした形で結合されるので注意しましょう。

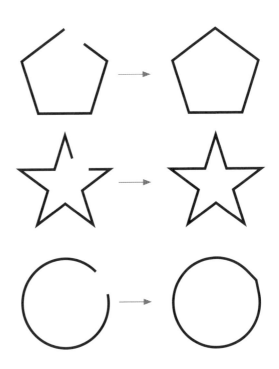

| 2 | 4 |

複合パスと複合シェイプ

Illustratorでイラストやアイコンなどを描画する際に
必ず必要になるのが複合シェイプと複合パスです。
この2つは機能も名前も似ていますが、表現や挙動に
違いがあるので、練習しながら違いを理解していきましょう。

STEP 01 複合パス

イラストなどを描いていると、必ず重なった
オブジェクト（パス）を窓状に切り抜きたい
場面が出てきます。そこで使われるのが複合
パスです。

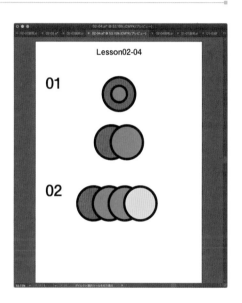

複合パスの窓抜き

1 レッスンファイル02-04.aiを開きます。
01の上側の赤丸と緑丸が中央で重
なった2つのオブジェクトを［選択］ツール
でドラッグして選択します。

POINT

複数のオブジェクトの選択方法

複数のオブジェクトを選択する場
合は、大きく2つの方法がありま
す。

①［選択］ツールで複数のオブ
ジェクトを囲むようドラッグする。

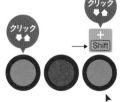

②［選択］ツールで Shift キーを押
しながら複数のオブジェクトを順に
クリック。

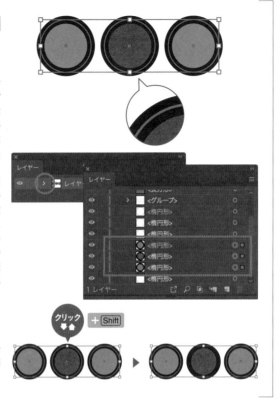

選択オブジェクトを
確認する

選択されると、パスのアウトライン
やオブジェクトの中心点が青色で
表示されることで判断できます。な
お、青色は1枚目のレイヤーにあ
る場合の初期設定の色で、複数
のレイヤーを使っていると他の色
で表示されることもあります。
複雑なイラストの場合は、見た目
ではなく[レイヤー]パネルを開い
て確認しましょう。レイヤー名の左
側の[>]マークをクリックすると、
レイヤー内のすべてのオブジェクト
が表示されます。行の右端に青い
(またはレイヤー設定色の)■が表
示されているものが現在選択され
ているオブジェクトになります。

不要なものが選択されている場合
は[Shift]キー+クリックで選択を解
除できます。

2 2つのオブジェクトを選択した状態で、[オ
ブジェクト]メニューから[複合パス]→[作
成]を選択します。緑の丸が消えて、赤の部分
だけが残ります。

複合パスを作成

これは緑の部分が白く塗られたわけではなく、窓
状に切り抜かれた状態です。背景に他のオブ
ジェクトや写真などがあった場合、後ろのオブジェ
クトが見えるようになります。

3 2つのオブジェクトの一部が重なっている場合も試してみましょう。01の下側の赤丸と緑丸が左右にずれて重なった2つのオブジェクトを[選択]ツールでドラッグして選択します。

4 [オブジェクト]メニューから[複合パス]→[作成]を選択します。重なった部分だけが窓抜きの状態になりました。塗りは、背景にあったオブジェクトの赤になっています。

複合パスはこのあとに説明する複合シェイプと似ていますが、わかりやすい特徴は「背面のオブジェクトの塗りと線が適用される」ことと、「レイヤーが1つになる」ところです。

STEP 02 複合シェイプ

複合シェイプは、[パスファインダー]パネルの中の[形状モード][パスファインダー]の2つの機能で作成されます。

パスファインダーの項目は[合体][前面オブジェクトで型抜き][交差][中マド][分割][刈り込み][合流][切り抜き][アウトライン][背面オブジェクトで型抜き]の10種類です。それぞれの動きを実際に触って確認しておきましょう。

 合体

 前面オブジェクトで型抜き

 交差

 中マド

 分割

 刈り込み

 合流

 切り抜き

 アウトライン

 背面オブジェクトで型抜き

パスファインダーパネルの中の効果は、2つもしくは3つ以上のオブジェクトを選択した状態でクリックすれば適用することができます。02の4つの円が横に重なった図形で確かめてみましょう。

形状モード：合体

複数のオブジェクトをまとめて1つの形状に変換します。合体後は最前面のオブジェクトの塗りや線が適用されます。複合パスは背面のオブジェクトの色や塗りになりましたが、それとは逆なので注意しましょう。

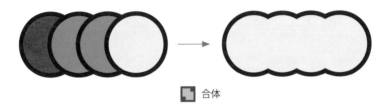

合体

形状モード：前面オブジェクトで型抜き

前面にあるオブジェクトで、最背面のオブジェクトを切り抜きます。塗りや線は保持されます。特徴は前面にあるオブジェクトはすべて切り抜きラインの対象となることです。3つのオブジェクトが重なっているような場合は、上の2つのオブジェクトを合わせた形で最背面のオブジェクトが切り抜かれます。

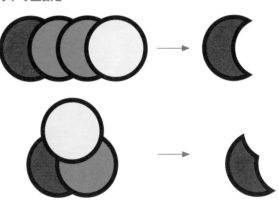

前面オブジェクトで型抜き

形状モード：交差

オブジェクトの重なっている部分だけを残します。ただし、3つ以上のオブジェクトには適用できず、選択して適用しようとするとエラーが表示されます。必ず2つのオブジェクトで実行しましょう。

Adobe Illustrator

フィルターが適用されませんでした。2つの重なり合ったパスを選択してください。

OK

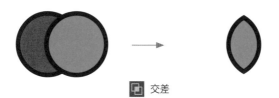

交差

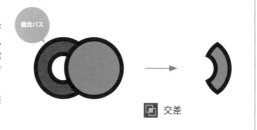

POINT

1つのオブジェクトの定義

パスファインダーにおける1つのオブジェクトとは、すなわち1つのレイヤーとして捉えます。したがって、先の複合パスで作成したオブジェクトと、別のオブジェクトを重ねて交差は適用できます。また、2つの複合パスを使っても交差は適用できます。

複合パス

交差

形状モード：中マド

中マドは複数のオブジェクトの重なった部分を抜きます。2つ重なっている部分は窓に、3つ重なっている部分は塗りに、4つ重なるとまた窓になります。偶数は窓、奇数は塗り、と覚えておくとよいでしょう。

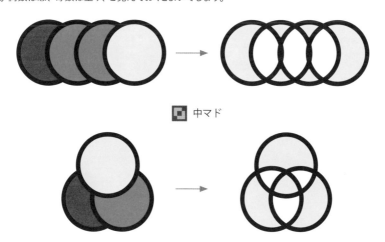

中マド

パスファインダーパネル下段にある[パスファインダー]の項目は、[形状モード]とは異なり、あとで説明する option キーを使った非破壊編集は適用できません。適用するとすぐパスが変形されるので注意しましょう。

パスファインダー：分割

重なったすべてのオブジェクトが、重なり関係にある最前面のオブジェクトの塗りや線の設定で分割されます。同時にグループ化されます。

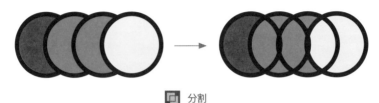

分割

分割後に[オブジェクト]メニューから[グループ解除]を選択してグループを解除してみましょう。すると、それぞれのパスを[選択]ツールなどで移動できるようになり、細かいオブジェクトに分割されていることが確認できます。

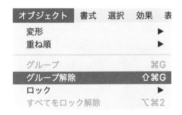

パスファインダー：刈り込み

重なった前面のオブジェクトで背面のオブジェクトが切り抜かれます。塗りは保持され、線の設定は破棄されます。同時にグループ化されます。

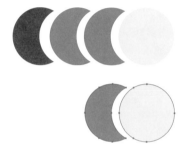

刈り込み

グループ化を解除して［選択］ツールで動かしてみましょう。重なった部分は前面のオブジェクトの一部のまま残ります。ただし、背面の切り取られたオブジェクトとの交点に当たる部分に、アンカーポイントが追加されていて、元のデータとは少し異なるパスになるので注意しましょう。

パスファインダー：合流

同じ塗り設定のオブジェクトを1つのパスに結合し、それ以外を分割してくれます。線の設定は破棄されます。刈り込みと見た目は同じような結果になります。同時にグループ化されます。

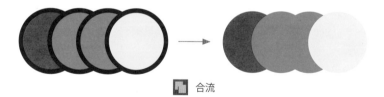

合流

グループ化を解除して［選択］ツールで動かしてみましょう。緑のオブジェクトのみ結合された状態のパスになっています。

パスファインダー：切り抜き

最前面のオブジェクトの形状で、その後ろのオブジェクトが切り抜かれます。最前面のオブジェクトの範囲のみが残り、他の部分は削除されます。線の設定は破棄されます。

切り抜き

3つ以上のオブジェクトが重なっている場合は、最前面のオブジェクトの重なった部分で後ろの2つ以上のオブジェクトが切り抜かれ、分解された状態になります。
また［表示］メニューの［アウトライン］を選択してアウトライン表示にすると、最前面のオブジェクトの元の形に沿った残りのパス部分が、塗りや線の設定がない状態で残されていることが確認できます。

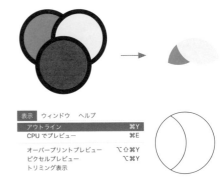

パスファインダー：アウトライン

すべてのオブジェクトを線だけのアウトライン状態にします。元の塗りが線の色に設定され、元の線の設定はなくなります。線の太さが初期化されますが、すべてを選択して線の設定を2mm程度に太くすると形状が確認できるはずです。

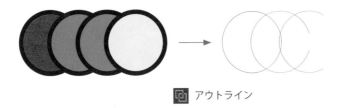

アウトライン

グループ化を解除すると、重なっていた部分ですべてのパスが分解され、線のみが残されているのが確認できます。

パスファインダー：背面オブジェクトで型抜き

最前面のオブジェクトが、重なったすべての背面オブジェクトで切り抜かれます。[形状モード：前面オブジェクトで型抜き]とは逆の動きです。

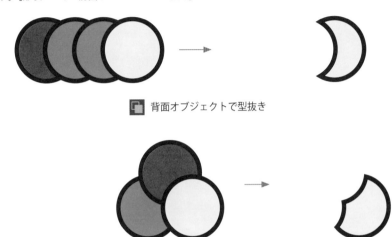

🔲 背面オブジェクトで型抜き

形状モードの非破壊編集

パスファインダーパネルは[形状モード]と[パスファインダー]の2種類に分かれていますが、[形状モード]だけ非破壊状態、つまり再編集可能なデータとして効果を適用することができます。

その方法は簡単で、複数オブジェクトを選択して複合シェイプにする際に option キーを押しながら[形状モード]のアイコンをクリックするだけです。見た目は同じですが、[選択]ツールで選択すると元データのアウトラインが表示されます。例えば[合体]で試してみましょう。

＋ option

🔲 合体

057

この状態はパスが完全に1つになったのではなく、元のパスを残したまま
表示だけ[形状モード]による処理がされていると考えるとよいでしょう。
[ダイレクト選択]ツールを利用するか、または[選択]ツールでダブルクリッ
クして複合シェイプの編集モードに入り、一部のオブジェクトを移動や編
集すると、合体の表示を保ったまま再編集することができます。

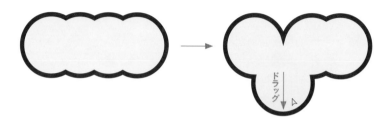

[レイヤー]パネルでは「複合シェイプ」として、
その下にそれぞれのオブジェクトを保持してい
るので、レイヤーから特定のパスを選択して再
編集することも可能です。
再編集は複合パスでも行えます。イラストやア
イコンなどで複数のパターンが必要な場合や、
最終決定前の調整段階で役に立つ機能なの
で、できる限り編集可能な非破壊状態で形状
モードを利用しましょう。

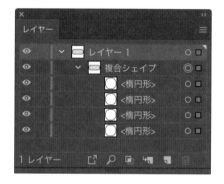

058

シェイプで
ラクする
パス作成

手書きや［ペン］ツールでは表現の難しい、
きれいな円や正方形などを使った描画は、デ
ジタルならではの得意分野です。図形の描
き方と、加工のポイントを学び、［ペン］ツー
ル以外も使えるようになっておきましょう。

長方形・楕円形・多角形などのシェイプツールの基本

1、2章では[ペン]ツールの基本的な使い方を学びましたが、ここで長方形や楕円形といったシェイプを描くためのツールも使ってみましょう。シェイプとは、特定の形のパスを表しています。

例えば、[ペン]ツールで描いた正方形も、[長方形]ツールで描いた長方形も見た目上は同じになりますが、内部に持っている情報として「[ペン]ツールで作成しているパス」と、「長方形として描画されたパス」という根本的な違いがあり、それにより使える機能や挙動にも差が生まれます。

各シェイプツールの使い方

シェイプツールには[長方形][楕円形][多角形][スター](星型)の基本形と[直線]ツールが用意されているので、その使い方を確認しましょう。

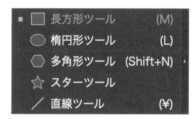

始点を基準に描く

レッスンファイルの03-01.aiを開きます。まずは[長方形]ツールで長方形を描いてみましょう。[長方形]ツールは四角形を描く専用ツールです。

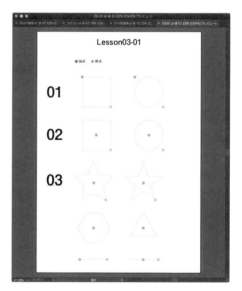

1 01の左側にある長方形の下絵に合わせて、始点（赤丸）から終点（青丸）までをドラッグしましょう。自由な縦横比で描くことができます。

2 Shift キーを押しながら描画すると、簡単に正方形を描くことができます。

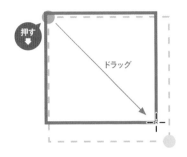
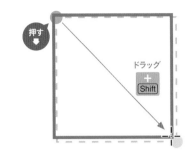

3 同じく、01の右側にある円を［楕円形］ツールでも描いてみましょう。こちらも Shift キーを使うと正円に固定できます。

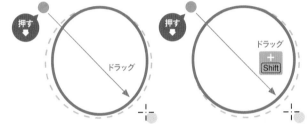

中央から描く

長方形と楕円形を描画する場合、通常は始点から終点までのエリア内に描画されることになります。

しかし、option キーを使うことで描画方法を変えることができるので試してみましょう。

この範囲に描画される

1 02の左の下絵に合わせ、中央の始点から右下にドラッグを始めます。その途中で option キーを押すと、ドラッグ開始地点を中心にして上下左右に広がる形で長方形が描画されます。

2 楕円形でも option キーを使って中央からドラッグしてみましょう。こちらもドラッグ開始地点を中心に円が広がっていくのがわかります。

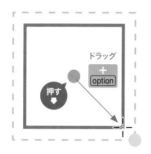

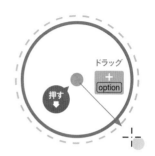

Shift キーも合わせると、正方形や正円を中央から描く流れが一瞬で行えます。ドラッグと option キー、Shift キーを合わせた描画は、ボタンを押す／放すタイミングによってうまく描けないことがあるので、操作の順番をしっかり確認しましょう。押すときも放すときもマウスボタンが先、キーはあとです。Shift キーと option キーを併用する操作は、どちらのキーを先に押しても放しても結果は変わりません。

中央から描画する場合の手順

中央から正方形などを描画する手順

数値で描く

マウスでドラッグしてシェイプを描く以外にも、ダイアログ（入力）ボックスを出して数値で描く方法もあります。ダイアログボックスは［長方形］ツールなどの各シェイプツールを選択した状態で、Illustratorのアートボードなど描画したい場所をクリックすれば表示されます。

幅、高さなど任意の数値を入力し、OKを押せ
ば数値通りのサイズで描画することができます。

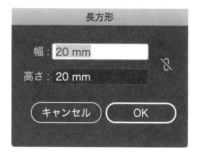

スターツール

1 03の[スター](星型)ツールは[長方形]ツールや[楕円]ツールとは動きが異なり、常に中央から描画されます。Shiftキーは、向きがまっすぐに固定されます。

2 optionキーを押すと、星の形が変わります。1つの突起を挟んだ4つのアンカーポイントが一直線に並ぶ形状で描画されます。

3 クリックして表示されるダイアログボックスで、第1半径と第2半径、点の数を指定して描くこともできます。各設定の項目は図のように対応しています。2つの半径を近づけて点の数を増やすと、縁がギザギザのシールのような形もできるので試してみましょう。

多角形ツール

1 中央から描画します。[Shift]キーを押すと図
形の向きが固定されます。[option]キーを押
しても変化はありません。

2 クリックして表示されるダイアログボック
スで半径と辺の数を変更できます。

3 三角形の下絵の始点の上にポインターを置き、クリックして
みましょう。辺の数を3と入力し、半径を20mmにしてOKを
押せば、正三角形がきれいに描けます。

一度設定した辺の数を記憶しているので、2回目以降はフリーハンドで三角
形を描画することもできます（Illustratorを再起動すると初期化されます）。

POINT

描画後に角の数を変更する

[多角形] ツールでクリックして描画時に指定する以外にも、描画後に角の数を変更することができます。[ウィンドウ] メニューの [変形] で [変形] パネルを表示し、パネルメニューから [オプションを表示] で表示される [多角形のプロパティ] 内の [多角形の辺の数] で変更できます。

または、オブジェクトを [選択] ツールで選択中に右上に表示される菱形のハンドル (◇) をドラッグすることで変更することもできます。

直線ツール

直線は [ペン] ツールで描けるのであまり使用する機会はないかもしれません。やはり Shift キーを押すと方向が水平・垂直・45°に固定され、option キーで中央から描けます。

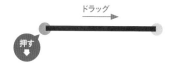

3 — 2

シェイプで描く
ホームアイコン

シェイプツールを使い、実際にアイコンを作成してみましょう。
[整列] パネルを使ってオブジェクトを整列してから、
複数のシェイプを組み合わせる [シェイプ形成] ツールを使います。

STEP 01 シェイプでパーツを作成する

1 レッスンファイル03-02.aiを開きます。
塗りはなし、線は黒にして、01の三角
形、長方形2種類の点線に合わせて、[多角
形]ツールと[長方形]ツールで描きましょう。

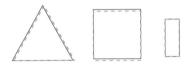

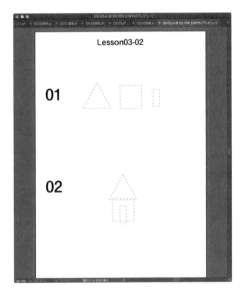

2 描いたシェイプを [選択] ツールで移動さ
せ、02に合わせて並べます。スマートガイド
(80ページ参照) を表示していると ([表示] メ
ニュー→[スマートガイド]) シェイプを左右の
中心で揃えるガイドが表示されます。

設定

塗り	□
線	■
線幅	そのままで OK

066

STEP 02 整列ツールの使い方

シェイプを組み合わせて図形を作ることはよくありますが、1つずつマウスで中央などで揃えるのは大変です。そのような場合は、[ウィンドウ]メニューから[整列]を開き、自動整列機能を活用します。[整列]パネルには[水平方向左に整列][水平方向中央に整列]といった、オブジェクト同士を揃えて配置する機能のボタンが並んでいます。

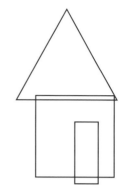

1 [選択]ツールで整列させたいオブジェクトをすべて選択し、[整列]パネルから[水平方向中央に整列]をクリックします。バラバラだった位置が左右中央で揃います。

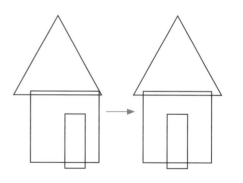

2 すべてのオブジェクトを選択すると、バウンディングボックス（青い四角で囲まれ周囲に8つの□ハンドル）が表示されます。□にポインターを合わせると、両矢印マークに切り替わります。上辺の□を下にドラッグして、縦長の家を正方形近くまで変形します。

ドラッグ

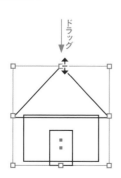

POINT

バウンディングボックスを表示する

両矢印ポインターに切り替わらない場合は、[表示]メニューの[バウンディングボックスを表示]という項目でオン／オフを切り替えることができます。

テンプレートを隠す	⇧⌘W
バウンディングボックスを隠す	⇧⌘B
透明グリッドを表示	⇧⌘D

整列の基準を指定する

整列の機能には整列の基準を指定することもできます。動きの違いを確認しておきましょう。通常［選択］ツールで複数のオブジェクトを選択し、整列ボタンを押すと、選択したすべてのオブジェクトが平均的に動いて揃えようとします。

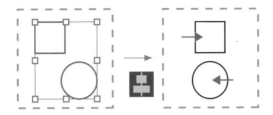

複数を選択したあとに、キーオブジェクト（中心）にしたいオブジェクトをクリックすると、そのオブジェクトの選択表示だけ線が太くなり、そのあと整列ボタンを押した際にキーオブジェクトの位置を基準に整列をしてくれます。

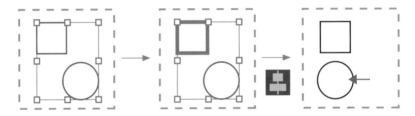

うまくキーオブジェクトが選択できないときは、自動的に選択させる方法もあります。キーオブジェクトを最前面に配置しておきましょう。［整列］パネルの右下にある［整列：］アイコンをクリックすると、3つの整列方法を選ぶことができます。ここで［キーオブジェクトに整列］に設定しておくと、整列を適用した際に、最前面のオブジェクトをキーオブジェクトとして整列されます。

POINT

パネルオプションを表示する

［整列：］が見えない場合は、パネル右上にあるパネルメニュー（■アイコン）をクリックし［オプションを表示］を選択します。パネル下の隠れた部分を表示することができます。

オブジェクトの重ね順を確かめる

［ウィンドウ］メニューの［レイヤー］で表示される［レイヤー］パネルでは、描画されているオブジェクトやテキストが一覧表示されます。選択中の要素がどこにあるか、パス・楕円形・長方形などのシェイプなのかを確認できます。オブジェクトは上に行くほど前面に、下に行くほど背面に配置されています。なお、オブジェクト名の左端にある目のマークをクリックすると、レイヤーの表示／非表示を切り替えられます。その右の列をクリックすると鍵マークが表示され、レイヤーをロックすることができます。

STEP 03 シェイプ形成ツールの使い方

家の屋根と壁を一体化し、壁から扉部分を切り抜いた形でパスを一体化します。これにはいくつか方法があります。2-4で使ったパスファインダーでももちろん可能です。ただ、適用後にグループを解除したり削除したりと、手順が多く時間がかかります。ここではもっと簡単な［シェイプ形成］ツールを使ってみましょう。シェイプだけでなく、［ペン］ツールで描いたパスなどすべてを簡単に合体、切り抜きなどの加工が行えます。

1 ［選択］ツールで、屋根の三角形・壁の長方形・ドアの長方形の3つのオブジェクトを選択します。ツールバーから［シェイプ形成］ツールを選びます。

他ツール利用中の選択の追加・除外

［選択］ツールで対象を選び、変形や加工を行うために別のツールに切り替えたところで「オブジェクトを選び忘れた」と気づくことがあります。その場合⌘キーを押すと、［選択］ツール（黒い矢印ポインター）もしくは［ダイレクト選択］ツール（白い矢印ポインター）に一時的に切り替わります（最後に使用していたほう）。そのまま Shift キーを押して追加選択または選択解除が行えます。かなり頻繁に使う場面があるので、覚えておきましょう。

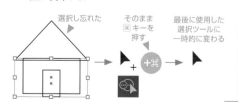

選択し忘れた → そのまま⌘キーを押す → 最後に使用した選択ツールに一時的に変わる

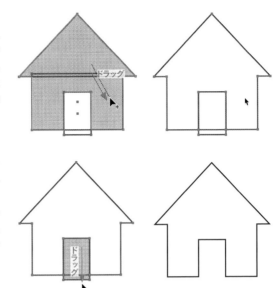

2 [シェイプ形成]ツールでポインターをオブジェクトに重ねると、網がかかったような状態で表示されます。屋根から家の壁にかけてドラッグしてみましょう。屋根の三角形と壁の長方形が合体されます。

3 option キーを押すと、[シェイプ形成] ツールのポインター右下の [＋] が [－] に切り替わります。その状態で、今度はドアとその下の長方形がはみ出した部分までをドラッグしてみましょう。ドアの形に家が切り抜かれます。

これで一気に分割と削除まで行えます。パスファインダーでの操作に比べ、1手間も2手間も減らすことができるので、[シェイプ形成] ツールをうまく使いこなせるようになっておくと便利です。

3 — 3 ライブコーナーを使った 電話アイコン

Illustratorのシェイプにはただ変形するだけでなく、角丸を作る
ライブコーナーという機能もあります。変形や合体、分割に加えて、
ライブコーナーを使って電話アイコンを作ってみましょう。

STEP 01 シェイプでパーツを作成する

1 レッスンファイル03-03.aiを開きます。
01の長方形4種類を［長方形］ツール
で描き、［楕円形］ツールで正円を1つ描き
ます。いずれも塗りはなし、線を黒にします。

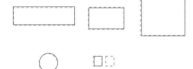

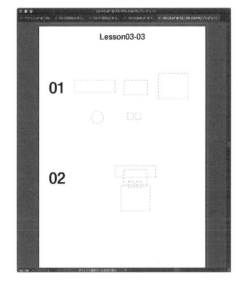

Lesson03-03

01

02

2 1つだけ赤くなっている点線のところに、左に描
いた長方形をコピーしましょう。［選択］ツール
で左側の長方形を選び、option を押しながら右にド
ラッグすればコピーできます。さらに Shift キーを併
用すれば、水平位置に作ることができます、練習して
覚えておきましょう。

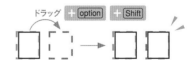

ドラッグ ＋ option ＋ Shift

3 02の緑の点線に合わせて楕円形以外の長方形のシェイプを配置していきます。

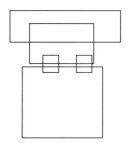

4 このまま水平方向中央に整列をすると、横並びの2つの小さな長方形が重なってしまいますので、先にグループ化しておきましょう。[Shift]キーを押しながら2つの小さな長方形をクリックして選択し、[オブジェクト]メニューから、または右クリックで表示されるコンテキストメニューから[グループ]を選択します（⌘＋Gキー）。

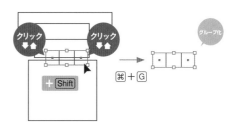

5 [選択]ツールですべてのオブジェクトを選択して、[整列]パネルで[水平方向中央に整列]を適用します。

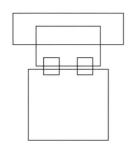

POINT

グループ化とグループ化解除

グループ化すれば複数のシェイプやオブジェクトをひとまとまりとして移動、変形、加工などができます。頻繁に使用するのでショートカットキーを覚えておきましょう。グループ化は⌘＋G、グループ化解除は⌘＋Shift＋Gです。

STEP 02 ライブコーナーで角丸にする

1 形を整えていきます。上から2番目の長方形を[選択]ツールで選択します。すると四隅に二重丸のアイコンが表示されます。これがライブコーナーの表示です。

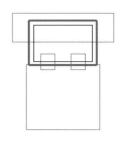

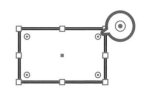

2 二重丸をマウスでドラッグすると角が丸くなります。フリーハンドで自由に変形させてみましょう。四隅が連動して、角丸を自由なサイズで作ることができます。

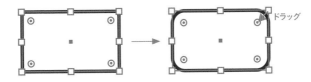

ドラッグ

POINT

角丸を細かく指定する

[ウィンドウ] メニューから [変形] を選択して [変形] パネルを開くと、角丸の半径を数値で指定できます。中央のリンクマークは四隅をリンク (同じ動きに) するアイコンです。クリックするとリンクが外れて、四隅の角丸の半径を個別に設定できます。ここではリンク状態で、数値を7mmに指定します。

リンク有効　リンク無効

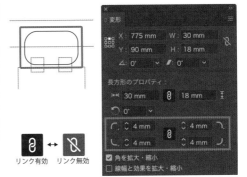

---

3 [ダイレクト選択] ツールを選び、一番上の長方形の上辺左右のアンカーポイントを Shift キーを押しながらクリックして選択します。するとその角にだけライブコーナーが表示され、変形パネルを使わなくても個別に角丸を設定することができます。先ほどより大きめの角丸を作りしょう (半径10mm程度)。

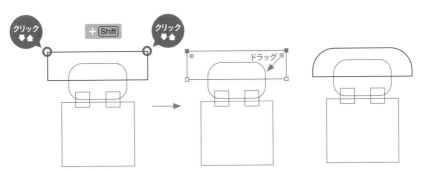

クリック　+ Shift　クリック　ドラッグ

4 [選択]ツールで電話の本体となる一番下の長方形を選びます。ツールバーから[自由変形]ツールを選択します（ツールバーにない場合は34ページを参照）。右下のアンカーポイントを[自由変形]ツールでつかみ、⌘ option Shift キーをすべて押しながら右にドラッグして台形にしましょう。

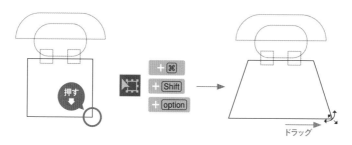

5 台形の上辺の2つのアンカーポイントと、下辺の2つのアンカーポイントにそれぞれ違うサイズの角丸を作成します。上辺の2つ（緑の囲み）はライブコーナーの二重丸をドラッグして上限まで丸くします。下辺の2つ（赤の囲み）は全体のバランスを見て、少し小さめに調整します。

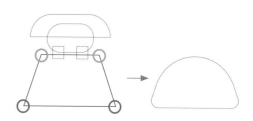

POINT

パスの角丸は個別に数値で指定できない

[変形]パネルで見ると[シェイプの属性なし]となっています。これはシェイプ（長方形）を変形させたことで、通常のパスに扱いが変わったためです。この場合は個別に数値入力での角丸作成はできません。

---

6 2つの小さな長方形の上辺の2つのアンカーポイントを[ダイレクト選択]ツールで4つまとめて選択し、角丸（1mm程度）にします。ライブコーナーは複数のオブジェクトに同時に適用できます。

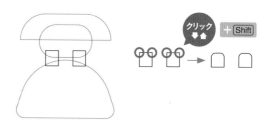

7 ［楕円形］ツールで描いた円を中央に配置し、すべてのオブジェクトを選択して整列パネルで［水平方向中央に整列］を適用します。基本となる形の完成です。

POINT

自由変形ツールの操作

［自由変形］ツールは上下左右の辺（セグメント）や、四隅の角などをつかんでドラッグすると拡大縮小、変形が行えます。⌘ Shift option キーを組み合わせることで、［選択］ツールのバウンディングボックスよりも自由度の高い変形が可能です。キーの組み合わせを変えることで、斜めにしたり、台形にしたり、さまざまな変形が可能です。

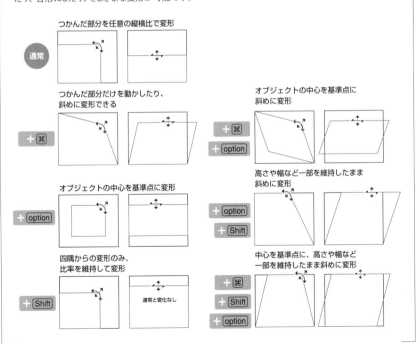

1 [選択]ツールですべてのオブジェクトを選択します。[シェイプ形成]ツールを選びます。option キーを押しながら、受話器とその下の角丸長方形をドラッグして切り抜きます。

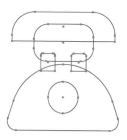
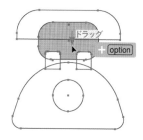

2 2つの突起部分と、本体部分をドラッグして合体させます。一気にドラッグできないときは、2回に分けて合体をしても問題ありません。

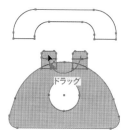

3 option キーを押しながら中央の円をクリックして切り抜きます。複数のパスをまたがない場合は、クリックだけでも適用されます。

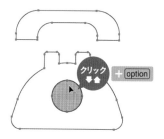

4 オブジェクト全体の線をなしにして、塗りを好きな色に設定にすればアイコンの完成です。

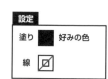

設定		
塗り	■	好みの色
線	☑	

POINT

ライブコーナーの設定

ライブコーナーは初期設定のままだと角を円で切り取った形になりますが、作りたい角の形によって、円弧ではない自然なカーブ、凹んだカーブ、台形に変形ができます。効果の違いを覚えておくと役に立ちます。

ライブコーナーを適用したいアンカーポイントを[ダイレクト選択]ツールで選択した状態で、[ウィンドウ]メニューから[プロパティ]パネルまたは[コントロール]パネルを表示します。パネル項目中の[コーナー:]をクリックすると、ライブコーナーのオプションが表示されます。[半径]の数値は角丸のサイズですが、[コーナー][角丸]で形状を変えることができます。

一見すると[面取り]は[絶対値]と[相対値]で変化がないようですが、[ダイレクト選択]ツールでポイントを選択してハンドルを動かしてみるとその形状は別物なのがわかります。確かめてみましょう。

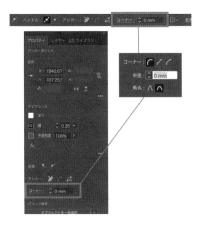

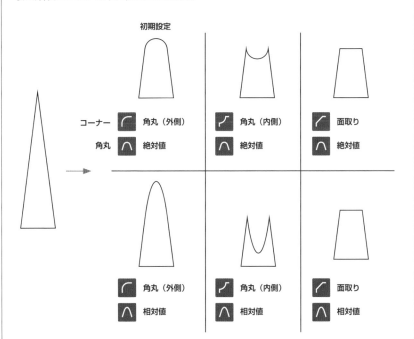

シェイプを使った
簡単アイコン作成

ここまでの[ペン]ツールやシェイプの基本を使って簡単に
数ステップで作れるアイコンを描いてみましょう。
地図でよく使うマップピン、設定メニューを示す
歯車アイコン、連絡先を示すメールアイコンの3つです。

STEP 01 マップピン

1 レッスンファイル03-04.aiを開きます。
01の下絵に合わせて円を2つ描いて
みましょう。

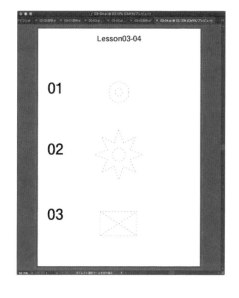

2 [ダイレクト選択]ツールで外側の円
の一番下のアンカーポイントを選択
し、Shift キーを押しながらドラッグして下
に移動させます。

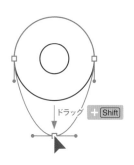

3 [プロパティ]パネルまたは[コントロール]パネ
ルで、[変換:]の[選択したアンカーをコーナー
ポイントに切り替え]ボタンをクリックします。アンカー
ポイントのハンドルが消えてコーナーポイントになり
ます。

4 [パスファインダー]パネルで[中
マド]を適用し、塗りを好みの色
に変更すればマップピンの完成です。

STEP 02 歯車アイコン

1 02の星と円を描きます。星は［スター］ツールで点の数を8にしましょう。

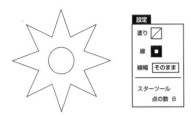

2 ［選択］ツールで星を選択してから、［ダイレクト選択］ツールを選択します。ライブコーナーが表示されますので、二重丸のどれか1つをドラッグしてすべてのコーナーを丸くしましょう。

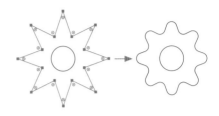

POINT

すべてのポイントの選択

［選択］ツールで選択後に［ダイレクト選択］ツールに切り替えるのが、すべてのアンカーポイントのもっとも手軽な選択方法です。または、［ダイレクト選択］ツールで option キーを押しながら（［グループ選択］ツールの状態）オブジェクトをクリックしても選択できます。

---

3 ［コントロール］パネルの［コーナー：］をクリックし、設定を［面取り］、［角丸］を［絶対値］にします。

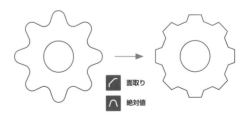

4 ［パスファインダー］パネルで［中マド］を適用し、塗りを好みの色に、線をなしに変更すれば歯車アイコンの完成です。ライブコーナーはいつでも変更ができるので、［ダイレクト選択］ツールですべてのコーナーを選択し、角丸のサイズを調整してバランスのいい形を探してみましょう。

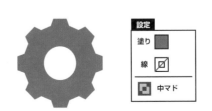

1 03の下絵に合わせて［長方形］
ツールで長方形を描きます。

2 中央で交差する直線を描きます。［ペン］ツールでもよいですが、ここでは［直線］ツールを選択します。長方形の左上にポインターを重ねると「アンカー」の表示がされ、自動的にアンカーポイントに吸着されます。そこでマウスボタンを押し込み、右下のアンカーポイント付近にドラッグをすれば、簡単に対角線を引くことができます。

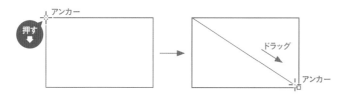

POINT

スマートガイドを利用する

長方形の角にぴったりとつけるために、スマートガイドを利用しましょう。［表示］メニューから［スマートガイド］にチェックするとオンにできます。すると、ポインターをオブジェクトやアンカーポイントなどに近づけたときに「中心」や「アンカー」などの名称が表示されたり、移動や変形の際に自動的に位置を揃える補助機能が働きます。整列などをサポートしてくれるので、ショートカットキー（⌘＋Ｕ）を覚えて必要なときに出せるようにしておきましょう。

3 もう1本の線を右上から左下へ同じように描きます。[選択]ツールで長方形を選択して[ダイレクト選択]ツールに切り替え、ライブコーナーの二重丸をドラッグして四隅を角丸(2mm程度)にします。

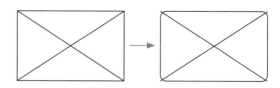

4 2本の線のコピーを作成します。Shiftキーを押しながら[選択]ツールで2本の対角線を選択し、optionとShiftキーを押しながら下にドラッグします。

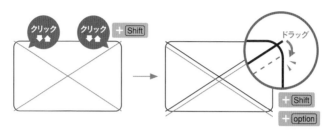

5 すべてのオブジェクトを選択して、ツールバーから[シェイプ形成]ツールを選びます。アイコン下部をドラッグして、余計な線を長方形の枠と合体させます。

6 二重線と重なった不要な部分をoptionキーを押しながらドラッグして消していきます。一度でなくてよいので、1カ所ずつ消していきましょう。間違って消した場合は⌘+Zキーで1段階ずつ戻れます。

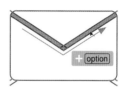

7 隙間の空いたアイコンの場合は、パスとパスの間に不要なパスが残ってしまうことがよくあるので、最後に全体を大まかに合体でなぞっておくとよいでしょう。

8 塗りと線の設定を変更してメールアイコンの完成です。

設定

塗り

線

不要なアンカーポイントを整理する

複数のオブジェクトをパスファインダーで加工していると、
必要以上のアンカーポイントが生成されることがあります。
これらは Illustrator の機能で整理することができるので、覚
えておきましょう。

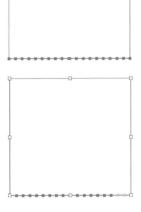

●直線上の不要なアンカーポイントを削除する
[ダイレクト選択] ツールで不要なアンカーポイントをドラッ
グで選択し、[コントロール] パネルの [選択したアンカーポ
イントを削除] ボタンをクリックすれば、一気に削除すること
ができます。

●曲線上の不要なアンカーポイントを削除する
[選択] ツールでオブジェクトを選択し、[オブジェクト] メニ
ューから [パス] → [単純化] をクリックします。元のパスに
近い形でアンカーポイントが削減されます。ただし、この方
法は必ずしも同じ形状を保てるわけではないので、注意し
て使いましょう。[単純化] ダイアログの ⋯⋯ (詳細オプション)
から詳細を開くことで、細かな調整が可能です。

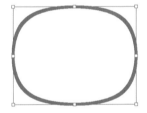

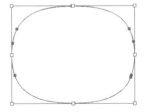

線を使った
表現

線の設定やアレンジ方法などを学んでいきましょう。ベジェ曲線を扱ううえで、線を使いこなすのは大事な技術になります。線を元にした加工方法には様々なものがありますが、うまく扱えればそれだけでも十分なイラストや表現が可能になります。

Illustratorの線の基本

線をベースにしたアイコンやイラストのアレンジの前に、
線の設定の基本を学んでおきましょう。

線の設定

線の基本設定はすべて［ウィンドウ］メニューから［線］で表示
される［線］パネルから行います。線に限らず、各パネルは初
期状態では表示されていないオプションメニューが多く存在し
ますので、右上のパネルメニュー≡から［オプションを表示］
ですべて表示するようにしましょう。
［ペン］ツールや［シェイプ］ツールで描かれた線は設定でい
くつかの基本的な形状に変更することができます。［線］パネ
ルに表示されている［線端］［角の形状］［線の位置］を確認し
てみましょう。

アイコンの名称は左からそれぞれ次のようになっています。
線端　　　［線端なし］［丸型線端］［突出線端］
角の形状　［マイター結合］［ラウンド結合］［ベベル結合］
線の位置　［線を中央に揃える］［線を内側に揃える］
　　　　　［線を外側に揃える］

線端

角の形状

線の位置

線端の形状

それぞれの設定はオブジェクトや線を選択した状態で、［線］
パネルの各設定をクリックするだけです。その違いによりどの
ような描き分けができるか試してみましょう。

1　［ペン］ツールで「1」、［楕円形］ツールで「0」を描いて
みましょう。このとき［表示］メニューから［スマートガイ
ド］にチェックして、「1」と「0」の高さが揃うように描いてくだ
さい。サンプルでは高さ20mm程度で描画しています。

2 「10」の線の線幅設定を太くします。太さは自由ですが、「1」と「0」の高さが、図のように見た目でズレがわかる程度まで太くしてください。

3 [線] パネルの線端を [突出線端] にしてみましょう。すると「1」の左上部分が少し長くなって1と0の高さが同じ位置で揃いました。

このように [線端] の設定はオープンパスの両端を、どう描画するかの設定になります。
[線端なし] 両端ギリギリで描画する
[丸型線端] 線幅を直径として半円に突き出して描画する
[突出線端] 線幅の半分を突き出して描画する
オープンパスとクローズパスを組み合わせたイラストやアイコンを描く際は、この設定を活用することでうまく端を揃えることができます。

角の形状

角の形状も基本だけ確認しておきましょう。次のように考えておけばわかりやすいです。
[マイター結合] 鋭角 (ある角度以下は面カット)
[ラウンド結合] 角丸
[ベベル結合] 角の面カット
[マイター結合] の切り替わる角度は [比率] で指定でき、数値が大きくするほど鋭角のままで描かれます。

ワッペン風アイコンを作る

ちょっとしたバッジや装飾として登場するワッペン風の加工は、
線の設定やIllustratorの機能を使うだけで
簡単に作成することができます。

破線の基本

[線] パネルで破線の設定が
できます。[線分] と [間隔]
の設定がありますが、線分の
みでも、すべての指定を入れ
ても使うことができます。

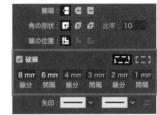

破線で作るワッペン風アイコン

これらの破線の設定を使って、ワッペン風のアイコンを描いてみましょう。

1 [長方形] ツールで正方形を2つ作成します。1
つを68mm程度、1つを55mm程度とします。外
側の長方形は角丸（4mm程度）に設定します。2つ
の正方形を中央揃えで重ねて、小さい正方形を前面
に配置しておきます。

POINT

オブジェクトの重ね順を変える

複数のオブジェクトを重ねたとき、前面と背面の重ね順を変更したい場合は、1つオブジェクトを選択した状態で[オブジェクト]メニューから[重ね順]で順序を変更します。または[レイヤー]パネルを開いて移動したいオブジェクトを選択すると、選択しているオブジェクトのレイヤーの横にレイヤーカラーのマークが表示されるので、それらをドラッグし上下の順序を変えることができます。なおレイヤー名は自動で「＜長方形＞」や、「＜パス＞」とつけられるので、管理しやすいように自分で変更しておきましょう。

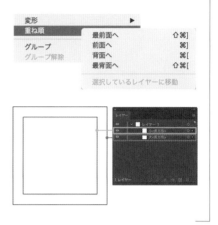

2　小さい長方形を選択します。[線]パネルで線幅を1mmにして❶、[線端]を[丸型線端]、[角の形状]を[ラウンド結合]にします❷。[破線]にチェックを入れて❸、[線分]と[間隔]を3mmに設定します❹。

3　破線のコーナー部分が不規則で見栄えが悪いので、破線の設定を[線分と感覚の正確な長さを保持]から[コーナーやパス先端に破線の先端を整列]に変更します。

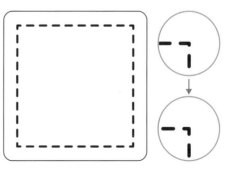

4 線や塗りに好きな色を設定して、中央にアイコンや文字を置いてみましょう。ここでは、アウトラインをパスで描いた「10」を配置しました。

 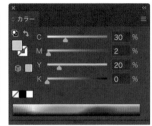

5 ワッペンの自然な形と雰囲気を出すために変形します。全体を選択して[オブジェクト]メニューから[エンベロープ]→[ワープで作成]を選びます。[ワープオプション]で[スタイル]を[膨張]に❶、[カーブ]を「5%」に設定して❷[OK]を押します。アイコンが少し丸みを帯びて膨らんだ形状になります。

6 オブジェクトを選択したまま[効果]メニューから[スタイライズ]→[ドロップシャドウ]を選択し、[ドロップシャドウ]ダイアログで[描画モード]を[乗算]または[通常]とし❶、図のように設定すると❷、自然な影のついた柔らかい印象のアイコンになります。

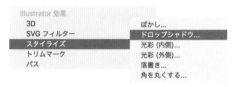

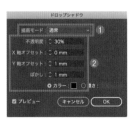 

<table>
<tr><td>4</td></tr>
<tr><td>3</td></tr>
</table>

ポップなロゴ文字を作る

タイトルや強調として、イラスト風の文字を作成する場合は
[線幅] ツールや [アピアランス] が便利です。
アピアランスは簡単なものから複雑なものまで応用ができますので、
ここで基本的な使い方を知っておきましょう。

線幅ツールの基本

Illustratorの機能には、[線幅] ツールというものがあります。
これは、通常一定の太さで描画されるパス (セグメント) を、任意の箇所で調整できる機能です。

1 [ペン] ツールか [線] ツールで1本の直線を描き、好きな色や太さの設定にしましょう。ここでは色は黒で、線幅は1mmにしています。

2 ツールバーから [線幅] ツールを選択します。ポインターが黒い矢印に波線のついたものに切り替わります。

3 描画した線のアンカーポイントにポインターを合わせると□マークが表示されます。それを上下どちらかにドラッグしてみましょう。マウスを放すと片方が太くなった線が描画できます。

4 [線幅] ツールは、すでにあるアンカーポイント以外にも設定を追加することができます。パス上の任意の箇所で同じように上下どちらかにドラッグすると、1本の線の途中で太くしたり、細くする設定ができます。

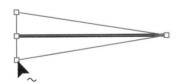 

5 設置したいアンカーポイントや任意のポイントでダブルクリックをすると表示される [線幅ポイントを編集] ダイアログで、直接数値で指定することも可能です。

線幅ポイントを編集

線幅オプション

側辺1: 8 mm
側辺2: 8 mm
全体の幅: 16 mm
□ 隣接する線幅ポイントを調整

削除　　キャンセル　　OK

チラシやPOPに使える目をひくロゴを作成してみましょう。文字をパスで描いて［線幅］ツールで太らせます。

1 ［ペン］ツールを使い、パスで「バルーン」と描いてみましょう。パス同士の間隔は広めにとります。「バ」の濁点は［楕円形］ツールで描画しています。

2 ［線幅］ツールで、「バ」の左側のパスの下端を太く、上端は少し細めに広げます。

3 ［線端］を［丸型線端］に設定します。両端の丸くなった、太さに強弱のある線が描画できます。

4 同じ手順で、それぞれの線を自由に設定してみます。

POINT

角の部分に注意する

［線幅］ツールで設定をした線の角の部分は、角度や形状により内側に隙間ができる場合があります。作例では「ル」の右側は、線幅と角の大きさに注意しながら設定をしましょう。

5 全体に好きな色をつけます。光沢の代わりに白い線
を足せば、バルーン風の文字の完成です。太さの
強弱を変えた同じ線を上下に重ねてみるなど、さらに一
工夫加えることでより雰囲気のあるデザインになります。

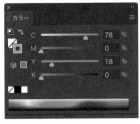

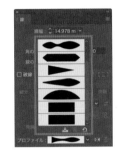

POINT

[プロファイル] に登録する

[線幅]ツールで作成した線やオブジェクトを選択すると、[線]
パネルの [プロファイル] に、サムネールが表示されます。こ
こをクリックすると、利用できる線幅の設定が一覧で表示さ
れ、流用することもできます。現在選択している線の設定を
[プロファイルに追加]で保存しておくこともできます。何度
も利用したい設定はここに登録しておくとよいでしょう。

ギザギザの吹き出しを作る

背景の吹き出しを作ります。アピアランスで効果をつけましょう。

1 背景にポップな枠を作成しましょう。[ペン]
ツールでクリックして、適当に楕円形に近
くなるように 10 〜 14 個程度のアンカーポイント
を打ちます。

2 オブジェクトを選択したまま、[効果]メ
ニューから[パスの変形]→[パンク・膨張]
を選択します。

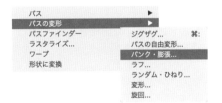

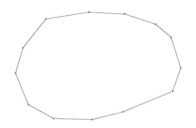

3 ［パンク・膨張］ダイアログで、「-30%」
程度に設定します。［プレビュー］に
チェックを入れておくと、元となるオブジェ
クトのラインと、変形後のラインを見比べな
がら調整することができます。

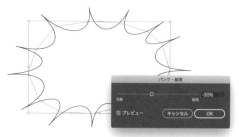

POINT

アピアランスとは

アピアランスはIllustratorで素材を作成する際には非常に便利な機能
なので覚えておきましょう。メニューの［効果］で適用した効果は、［ウ
ィンドウ］メニューから［アピアランス］で表示される［アピアランス］パ
ネルで確認できます。これらの効果は、元のオブジェクトを保持したまま、
すべて表示で加工をしており、何度でも再編集ができる非破壊加工で
す。［アピアランス］パネルで目的の効果をダブルクリックすると、設
定ダイアログが再び表示されて効果を調整できます。アピアランスは、
線や塗り、加工などの位置や数値、重ね順を管理することができます。

---

4 吹き出しのカラーを好きな色に
設定し、線をなしにします。

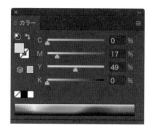

5 文字のオブジェクトをすべて選択し、⌘＋Ｇキー
でグループ化します。［効果］メニューから［スタイ
ライズ］→［ドロップシャドウ］を選択し、［ドロップシャド
ウ］で図のように設定します。

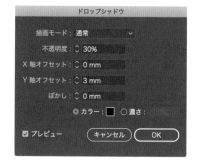

6 ［移動］ツールで文字を吹き出し
の前面に重ねます。

アピアランスを追加する

さらにアピアランスを追加してロゴを仕上げましょう。

1 吹き出しのオブジェクトを選択して[アピアランス]パネルを開くと、「塗り」「線」と先ほど適用した「パンク・膨張」が並んでいます。ここから「線」をクリックして選択し、色を黒(線幅は初期設定)に設定しましょう。

2 「線」を選択した状態で、[効果]メニューから[パス]→[パスのオフセット]を選択します([アピアランス]パネルの[新規効果を追加] *fx* ボタンからも適用できます)。[オフセット]を-3mm(制作サイズにより調整する)にすると、線だけが内側に移動します。全体または塗りだけが移動してしまう場合は、[アピアランス]パネルで線の選択ができていません。[キャンセル]して選択し直してください。

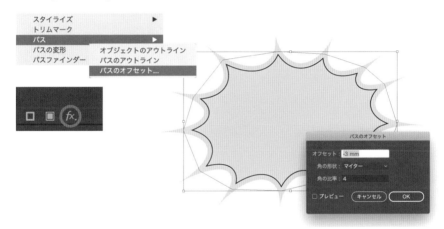

3 「バルーン」の文字グループを選択します。[アピアランス]パネルを確認すると「ドロップシャドウ」が適用されています❶。パネル左下の[新規線を追加]ボタンをクリックして線を追加します❷。先ほどと同様に「線」を選択して色を黒、線幅を1mmに設定しましょう❸。

4 グループのパスすべてに黒い線の効果が加わっているので、[アピアランス]パネルで「線」をドラッグし「塗り」と「ドロップシャドウ」の間にドラッグします。「線」が「塗り」の背面に隠れた状態に変わります。このようにアピアランス上では「線」「塗り」「効果」の重ね順を入れ替えることができます。

5 全体のバランスを見てアピアランスの設定を変えます。ここでは「バルーン」グループの線幅を2mm、吹き出しの線の色をM:35%Y:85%、線幅を1mmにしています。制作したサイズによって変わるので、それぞれ線の太さを適当に調整しましょう。

6 線だけでなく、[アピアランス]パネルの[新規塗りを追加]ボタンで塗りを追加してパスのオフセットなどをかければ、さらに効果を組み合わせることができます。完成見本では以下のような設定で作成しています。参考にして加工してみましょう。

☐ 塗り
C:0% M:0% Y:28% K:0%
パスのオフセット：-3mm
☐ 線：2mm
C:0% M:0% Y:0% K:100%
線の位置：線を外側に揃える
パスのオフセット：-3mm
■ 塗り
C=50/M=0/Y=100/K=0

7 下に入れる「SALE」の文字は[ペン]ツールを使い、フリーハンドでパスを描きます。線幅プロファイルを利用して、始点の線幅を少し細くしています。パスは ⌘ + Ⓖ キーでグループ化します。

グループ化する —

☐ 線：3mm
C:50% M:0% Y:100% K:0%
線端：丸型先端
角の形状：ラウンド結合
線幅プロファイル：始点を少し細く

8 グループを選択した状態で[アピアランス]パネルの左下[新規線を追加]ボタンで線を追加し、[線幅]を3mm、色を緑にします。次に[アピアランス]パネルの[新規効果を追加] 🄵🅇 ボタンから[スタイライズ]→[ドロップシャドウ]を選択し、ドロップシャドウを追加して右のように設定します。

☐ 線：2mm
C:0% M:0% Y:0% K:100%
ドロップシャドウ
描画モード：通常
不透明度：30%
X軸オフセット：0mm
Y軸オフセット：0.923mm
ぼかし：0mm
カラー：黒

最後にこれらの要素を配置して、吹き出しの中にバランスよく配置します。

4　和風のロゴを作る

線にオリジナルの設定を設定を追加できるブラシツールは、
複雑なパスを登録しておくことで、オリジナルのロゴタイプや
線のタッチを変えたイラスト作りに役立ちます。

アートブラシの基本

Illustratorの [ブラシ] ツールは、通常の [ペン] ツールで描く線とは違い、登録した複雑なパス・画像を、パスの形状に合わせて自動的に加工・表示してくれる機能です。[ウィンドウ] メニューから [ブラシ] を選択して [ブラシ] パネルを開いてみましょう。初期状態でカリグラフィブラシ、パターンブラシ、絵筆ブラシなどが表示されます。

さらに、右上のパネルメニュー ■ の [ブラシライブラリを開く] から、Illustratorに標準で入れてあるさまざまなブラシを利用することができます。ここでは [アート] の中の [アート_インク] を使ってみましょう。

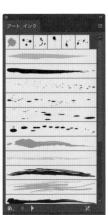

ブラシの2つの適用方法

[ブラシ] ツールの適用は、2種類の方法があります。

1 既存のオブジェクトにブラシを適用します。[楕円形] ツールなどで丸を描いてみましょう。円を選択した状態で、[アート_インク] ブラシの中から好きなものをクリックします。通常の線からブラシの表示に変更されます。ここでは [カリグラフィ1] を適用しています。

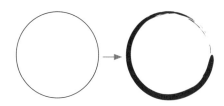

2 ブラシで直接描くこともできます。ツールバーの［ブラシ］ツールを選択すると、ポインターがブラシマークに変わります。カリグラフィブラシのみ、ブラシの周りにギザギザの円がブラシの太さの基準として表示されます。アートボード上を好きにドラッグしてみましょう。フリーハンドで描くことで生まれる微妙な動きのブレなどを補正した形で、任意の線が描けます。

3 ［ブラシ］ツールは通常の線と同様に太さの設定を変えることもできます。これらを活用し、使う場面、箇所などにより少し強弱をつけることで、手書き風の文字も簡単に作成することができます。

オリジナルの筆文字でロゴを作成する

ブラシは自作したイラストや素材を登録して使うこともできます。サンプルで用意したブラシ素材を実際に登録して、毛筆書きのような和風の「令和」ロゴを作ってみましょう。自分で描いてスキャンした画像もトレースしてパスにすれば、同様に使うことができます。

1 ブラシを登録します。用意してある04-04. aiファイルを開いてください。

2 ［選択］ツールで、上にあるブラシ用素材の3本の横線のうち1つを選び、［ブラシ］パネルの下部［新規ブラシ］アイコンをクリックします。ダイアログが表示されるので、［アートブラシ］を選択します。

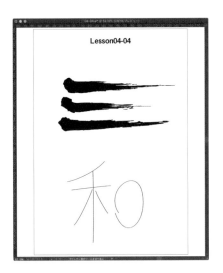

3 ［アートブラシオプション］ダイアログが開きます。幅やブラシの伸び方の設定が行えますが、ここでは初期設定のまま名前だけつけて［OK］を押します。これで登録が完了です。3種類それぞれを「筆1」「筆2」「筆3」という名前をつけて登録しておきましょう。

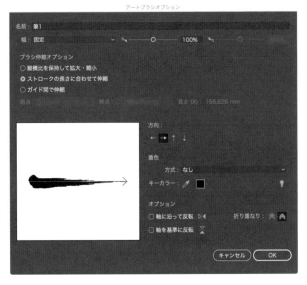

4 下にあるパスで描かれた「和」全体を選択し、好きなブラシをクリックしてください。パスごとに違うブラシを適用してみてもいいでしょう。これだけで少し手書き風の文字を作ることができます。

少し違和感があるので調整してみます。今回のような筆書き風のブラシの場合、ある程度パスの長さがあれば自然ですが、短くなるにつれてつぶれた形になってしまう場合が多くなります。［ブラシ］ツールは［ブラシ伸縮オプション］があり、ブラシを適用した際、パスに応じてブラシがどのように変形するかを指定することができます。

5 ［ブラシ］パネルから適用しているブラシをダブルクリックし、再び［アートブラシオプション］を表示します。［ブラシ伸縮オプション］の中から［ガイド間で伸縮］を選びます。プレビューに表示されているガイドの破線をドラッグして、左側の筆の入りの部分を伸縮範囲から外します。

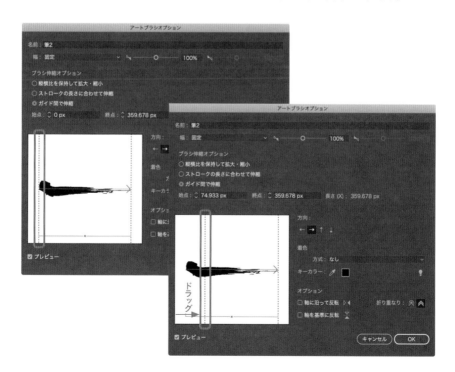

6 開いているファイル上の同じブラシが
リアルタイムで変形するので、実際に
どのように変化するかを確認しながら微調
整することができます。細かく伸縮範囲を
指定することで、今度は筆の入りをつぶさ
ずに描画することができます。

7 パスの長さや形を変えつつ、先ほどの「和」の文字を少しずつ好みで調整し
てみましょう。角や流れが自然になるように、わざと線を重ねたり、ずらしたり、
見た目以上にパスを自由に加工するとブラシの特徴をつかみやすくなります。

8 「令」の字のパスを描いて、円と組み合わせてブラシを適用してみましょう。
それぞれのパスの太さや長さ、選ぶ筆によって見た目が変わるので、複数の
線を重ねたり角を増やしたりして好みの形を探してみましょう。

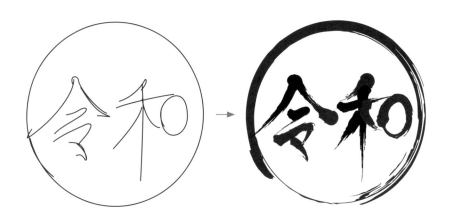

4 — 5 キャラクターのポーズを変える

Illustratorなどのベクトルツールで描くイラストや文字が、
手描きと大きく違う点は、描いたあとの編集機能です。
Illustratorには[パペットワープ]ツールという、
パスを効率的かつ感覚的に編集できる機能があります。

パペットワープツールの基本

パペットワープは、線やブラシの考え方に似ているのでここで紹介をします。単純な線だけでなく、オブジェクトにも適用できるので、オリジナルロゴや線のアレンジに活用できます。まず基本的な使い方を覚えましょう。

1 [ペン]ツールか[直線]ツールで任意の色と太さでまっすぐな線を1本描きます。

2 [選択]ツールでパスを選択した状態で、ツールバーで[パペットワープ]ツールを選びます。ツールバーに[パペットワープ]ツールが見当たらない場合は、34ページを参照して表示してください。すると、カーソルがピンになって網目状の枠が表示されます。そのまま任意の場所にピンを打ってみましょう。

3 ピンをドラッグするとオブジェクトが変形します。変形はピンを打っている箇所や距離によって動きが変わります。ピンはいくつでも増やすことができます。

POINT

元のパスに制限される

任意の箇所にピンを打つことができますが、変形ができる範囲、形状は元のパスのアンカーポイントの箇所や形状に依存します。パペットワープをかけたオブジェクトを[選択]ツールで選択し直してみると、アンカーポイント自体は増えていないことがわかります。複雑な加工をしたい場合は、アンカーポイントを増やしておく必要があります。

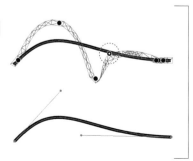

同じイラストから複数のポーズを作成する

サンプルイラストを使ってパペットワープを実践してみましょう。

1 ポーズ作成のサンプルとして04-05.aiのデータを開いてください。[選択]ツールで選択した状態で[パペットワープ]ツールを選び、キャラクターの左腕の肘と肩の部分にピンを打ちましょう。

2 もともと打たれていた手のひらのピンをドラッグして上に移動します。次に、[Shift]キーを押しながら肘と手のひら両方のピンを選択し、ドラッグして移動させれば、キャラクターの手が自然な形で加工できます。

ドラッグ

ドラッグ

3 さらに自由にポーズを作るために、複数の
ピンを打っていきましょう。人や動物のイ
ラストの場合は、関節部を意識してピンを打っ
てください。

4 もともとあるピンを打ち直したい場合は、
選択して一度[Delete]キーで削除し、改め
てピンを打ちます。移動させたい位置、移動の
根元になる支点などを考慮してピンを打つよう
にしておけば、違和感が少なくできます。

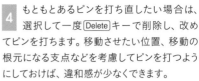

削除

5 打ったピンをドラッグで動かして自由に
ポーズを作ってみましょう。1つのイラスト
から、複数のポーズを作成できれば完成です。

デジタル風数字を作る

線で描画するものというと、線画や文字くらいしか
想像できないかもしれませんが、アピアランスと組み合わせることで
もっと複雑な表現も可能です。
ここではブラシとアピアランスを使った表現の例を紹介します。

ブラシを使ってデジタル風数字を作る

1 [長方形]ツールで幅5mm×高さ5mmの正方形(塗りは黒、線はなし)を2つ作成します。

2 片方の正方形の角を、[ペン]ツールでクリックして1つ削除し三角形にします。

3 [選択]ツールで三角形を選択して、[変形]パネル([ウィンドウ]メニュー→[変形])で[回転]に-45度と入力して回転させます。[回転]ツールや[自由変形]ツールで回転させてもかまいません。

4 三角形の高さを正方形に合わせます。[変形]パネルの右端の[縦横比を固定]のアイコンをクリックしてオンにした状態で、高さ[H]の数値を5mmに指定しましょう。縦横比を保ったまま縮小できます。

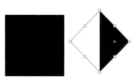

5 スマートガイドを有効にして（[表示]メニュー→[スマートガイド]）、正方形と三角形をぴったりとくっつけます。コピー＆ペーストで左側に同じ三角形を複製し、回転させて、やはりぴったり配置します。[選択]ツールですべて選択して、[パスファインダー]パネルで[合体]を適用して1つのオブジェクトに変換し、横長の六角形にします。

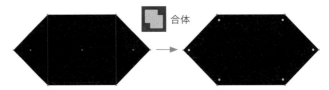

合体

6 この図形をブラシとして登録します。[ブラシ]パネルの下部[新規ブラシ]アイコンをクリックし、[アートブラシ]を選択して[OK]します。続く[アートブラシオプション]で[ガイド間で伸縮]を選択し❶、ガイドを左右の三角を含まない位置に移動させます❷。さらに[着色]の方式を[彩色]にして❸、あとから色だけを変更することができるようにします。

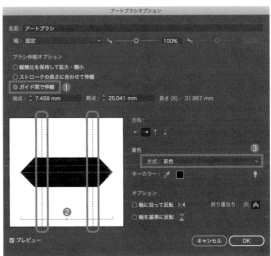

7 [ペン]ツールで30mm程度の直線を描き、登録したブラシを適用します。これを複製、回転しながら7セグメントの「8」の形になるように配置します。この際もスマートガイドを有効にして、線の端がぴったりと合うようにします。

POINT

同じパスを複製する

[ペン]ツールで1本ずつ描くと、同じ位置のアンカーポイントが連結してしまい、あとで分割する必要が出てきます。1つのパスを複製しましょう。

8 　すべてのパスを選択して、[アピアランス]パネルを開きます。「線」を選んだ状態で、パネル下部の[新規効果を追加] fx ボタンから[パス]→[パスのオフセット]を選び、-1mmのオフセットを設定します。

9 　[アピアランス]パネルで新しい「線」を追加します。その「線」の色を黄色（C:0% M:0% Y:100% K:0%）にし、右側の[ブラシ定義]から登録したブラシを選択します。上（前面）になっている黄色の「線」を、ドラッグして黒い「線」の下（背面）に移動させます。これでデジタル風数字表現の基礎が完成です。

POINT

オフセット分の背面塗りが見える

黒い「線」は-1mmオフセットしてあり、黄色の「線」はオフセットしていないので1mm幅のアウトラインに見えます。

電子書籍を読んでみよう!

技術評論社　GDP	検索

と検索するか、以下の URL を入力してください。

https://gihyo.jp/dp

1 アカウントを登録後、ログインします。
【外部サービス(Google、Facebook、Yahoo!JAPAN)
　でもログイン可能】

2 ラインナップは入門書から専門書、
趣味書まで 1,000 点以上!

3 購入したい書籍を 🛒 に入れます。
カート

4 お支払いは「**PayPal**」「**YAHOO!ウォレット**」にて
決済します。

5 さあ、電子書籍の
読書スタートです!

Software Design WEB+DB PRESS も電子版で読める

電子版定期購読が便利!

くわしくは、
「Gihyo Digital Publishing」
のトップページをご覧ください。

電子書籍をプレゼントしよう! 🎁

Gihyo Digital Publishing でお買い求めいただける特定の商品と引き替えが可能な、ギフトコードをご購入いただけるようになりました。おすすめの電子書籍や電子雑誌を贈ってみませんか?

こんなシーンで… ●ご入学のお祝いに　●新社会人への贈り物に　……

◎ギフトコードとは? Gihyo Digital Publishing で販売している商品と引き替えできるクーポンコードです。コードと商品は一つで結びつけられています。

くわしい**ご利用方法**は、「**Gihyo Digital Publishing**」をご覧ください。

のインストールが必要となります。

を行うことができます。法人・学校での一括購入においても、利用者1人につき1アカウントが必要となり、

への譲渡、共有はすべて著作権法および規約違反です。

電脳会議
紙面版
新規送付のお申し込みは…

ウェブ検索またはブラウザへのアドレス入力の
どちらかをご利用ください。
Google や Yahoo! のウェブサイトにある検索ボックスで、

電脳会議事務局　　　　検　索

と検索してください。
または、Internet Explorer などのブラウザで、

https://gihyo.jp/site/inquiry/dennou

と入力してください。

「電脳会議」紙面版の送付は送料含め費用は
一切無料です。
そのため、購読者と電脳会議事務局との間
には、権利＆義務関係は一切生じませんので、
予めご了承ください。

技術評論社　　　電脳会議事務局
〒162-0846　東京都新宿区市谷左内町21-13

10 背景に黒い長方形を作成しておきましょう。完成した数字とは別に2本のパスを作成し、[アピアランス]パネルで「線」の色を設定します。1本は点灯時の表現で、前面を黄色、背面を灰色（K:85%程度）にします。もう1本は消灯時の表現で、前面を灰色（K:85%程度）、背面を暗い灰色（K:90%程度）にします。

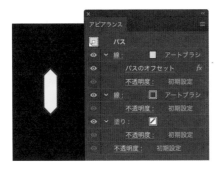

11 デジタル数字で黄色にしたいパス・灰色にしたいパスのどちらかを[選択]ツールで選択し、ツールバーの[スポイト]ツールを選び、作っておいた2色の線のどちらかの上でクリックすると、同じアピアランスが適用されます。

スポイトツールの設定

アピアランスをコピーできないときは、[スポイト]ツールの設定を確認します。[スポイト]ツールをダブルクリックするか、ツールの選択状態でreturnキーを押して[スポイトツールオプション]ダイアログを表示し、[アピアランス]のチェックをオンにしましょう。ただし、オンにすると、逆に写真などの画像からカラーを抽出できなくなります。用途に応じて切り替えましょう。

[グラフィックスタイル]に登録する

同じ効果を何度も適用する場合は、[ウィンドウ]メニューから[グラフィックスタイル]で表示される[グラフィックスタイル]パネルを活用するのが効率的です。点灯時・消灯時のアピアランスを適用したパスをそれぞれ選んだ状態で、パネル右下の[新規グラフィックスタイル]ボタンをクリックすると、その効果をまとめて登録できます。適用したいパスを選んで登録したグラフィックスタイルのアイコンをクリックすれば、同じ効果が適用されます。

4 - 7 ブレンドで作る月桂冠ブラシ

4-4で手描きデータを元にブラシの登録をしてみましたが、
今度はベクトルデータのブラシをオリジナルで作って
登録してみましょう。ランキングのアイコンなどで使われる
月桂樹の枝の形のブラシです。

ブレンドツールで葉っぱを増やす

1 まず茎となる線を描きます。[ペン]ツールか[直線]ツールを使って水平な直線を1本描き、線幅0.5mm、長さを50mmにします。[線]パネルで[線の先端]を[丸型先端]にします。

2 その線から葉を生やすように、斜め45度に短い線を描きます。

---

3 [コントロール]パネルの[可変線幅プロファイル]から[線幅プロファイル1]を選択します。線幅を太くすると、膨れて葉っぱの形になります。

4 [選択]ツールで葉っぱのパスを Shift + option キーを押しながら左にドラッグして、茎の線の逆端に複製します。[拡大・縮小]ツールに切り替えて、コピーしたほうを少し縮小します。

ドラッグ + Shift + option

5 両方の葉っぱを選択した状態で[ブレンド]ツールに切り替え、両方の葉っぱのパスを順にクリックします。

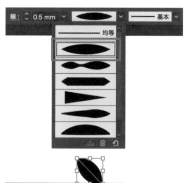

クリック

クリック

6 両方の葉っぱの間が自動で
埋められます。

POINT

ブレンドのステップ数の変更

葉っぱの数が多すぎる、少なすぎる場合、[ブレンド]
ツールをダブルクリックして[ブレンドオプション]を
表示させます。[間隔]を[ステップ数]に切り替え、
数を調整しましょう。[プレビュー]にチェックを入れ
るとリアルタイムに反映されて確認できます。

---

7 [リフレクト]ツールを選択します。
茎のパスの位置をクリックしてリ
フレクトの中心に設定し、[Shift] + [option] キーを
押しながらドラッグして、垂直方向に反転して
複製します。

ドラッグ **+** [Shift] **+** [option]

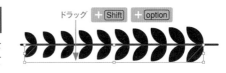

8 先端にも葉のパスを追加し、[コント
ロール]パネルから[線幅プロファイル
1]を適用させて膨らませます。

9 オブジェクト全体を選択
して[ブラシ]パネルにド
ラッグ&ドロップしてブラシに
登録します。[新規ブラシ]で
ブラシの種類は[アートブラシ]
にして❶、[ブラシオプション]
で[着色]の[方式]を[彩色]
にして❷[OK]します。

ドラッグ

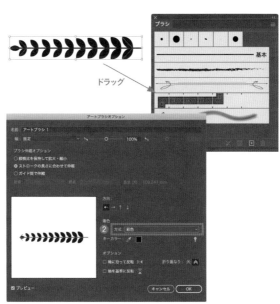

LESSON **4**

線を使った表現

4
7

ブレンドで作る月桂冠ブラシ

109

10 ［ペン］ツールで1/3程度の円弧のパスを描き、［リフレクト］ツールで左右対象に複製します。それぞれに［ブラシ］パネルから、登録したブラシを適用させます。

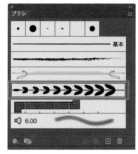

図のように、ブラシの向きが反対に適用された場合は、2通りの解決方法があります。1つ目は［オブジェクト］メニューから［パス］→［パスの方向転換］を選択します。パスの始点と終点が入れ替わり、ブラシが反転します。

2つ目は［ペン］ツールを使う方法です。パスを選択して［ペン］ツールに切り替え、パスの始点のアンカーポイントをクリックすると、始点と終点が入れ替わります。終点をクリックしても何も起きないので、再度選択して改めて始点をクリックしてください。

こちらのブラシの向きを変えたい

パスの始点と終点が入れ替わる

クリック

---

11 線の色を黄土色（C:35％ M:40％ Y:100％ K:0％）に変えて、中央に同じ色で「No.1」の文字をレイアウトすると、ショッピングサイトやランキングなどで使えるアイコンになります。

4　8　消印風のかすれたスタンプ

スタンプのような形がはっきりした絵柄はベクトルデータの得意ですが、
さらに紙に押したときのにじみやかすれをリアルに表現してみましょう。
アートブラシと不透明マスクを使うと、
アナログな効果を演出することができます。

消印風のスタンプを描く

1 左側の丸いスタンプ部分から作ります。[楕円形]ツールで縦横40mmの正円を描きます。塗りはなしで線のみ、線幅は1mmにします。

2 円を選択して[オブジェクト]メニューから[パス]→[パスのオフセット]を選びます。[パスのオフセット]で[オフセット]を－8mmにし[OK]すると、ひと回り小さい円が描かれます。

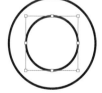

3 小さいほうの円を選択した状態でツールバーの下部にある[内側描画]ボタンを選択します。するとオブジェクトを囲む点線が四隅に表示されます。こうすることで選択したオブジェクトの内側に描画できるようになります。

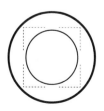

111

4 [長方形]ツールに切り替えて、小さい円から少しはみ出すように横長の長方形を描きます。クリッピングマスクが適用された状態になって、円の外側が隠れます。

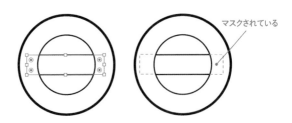

マスクされている

5 [文字]ツールに切り替えて、長方形の中央に好きなフォントで日付を入力します。

2020.04.05

6 円弧状の文字を飾りに入れます。[楕円形]ツールで直径30mmの正円を描き、[ダイレクト選択]ツールで下半分を削除します。[文字]ツールに切り替えてそのパス上をクリックします。すると線は消えて、円弧に沿った文字を入力することができます。

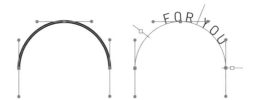

FOR YOU

POINT
パス上の文字の位置を整える
文字の開始位置を整えるときは[選択]ツールを使って、ブラケットと呼ばれる白い四角がついた棒を移動させます。

ブラケットを移動させて文字の始点をずらす

FOR YOU

7 文字を中央揃えにしたら、リング部分に配置して大きさを整えます。下側にもコピー＆ペーストして、180度回転させて配置しましょう。

FOR YOU
2020.04.05
FOR YOU

8 右側の線の部分を作ります。[ペン]ツールで、線幅0.5mm、長さ55mmの横線を描きます。[選択]ツールでそれをShift + option キーを押しながらドラッグして、3mm程度下に1本複製します。続けて ⌘ + D キーを押すと変形を繰り返すことができるので、5回押して計7本にします。線をすべて選択して ⌘ + G キーでグループ化します。

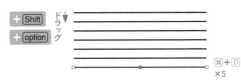

+ Shift
+ option
ドラッグ

⌘ + D
×5

9 [効果]メニューから[パスの変形]→[ジグザグ]を選択します。[ジグザグ]で[大きさ]を2mm ❶、[折り返し]を4 ❷、[ポイント]を[滑らかに] ❸にして[OK]をクリックすると波打った形になります。

10 波線を丸いスタンプに重ねて配置して ⌘＋Ｇ キーでグループ化します。紙ににじんだ感じを追加するため、[効果]メニューから[パスの変形]→[ラフ]を選択します。[ラフ]で[サイズ]を0.2mm ❶、[詳細]を50/inch ❷、[ポイント]を[丸く] ❸にして[OK]します。

グループ化しておく

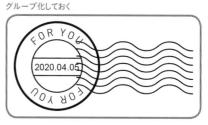

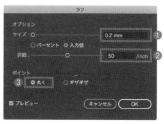

ブラシと不透明マスクを使ってかすれさせる

1 [ブラシ]ツールに切り替え、[ブラシ]パネルの[ブラシライブラリメニュー]ボタン ❶から[アート]→[アート_木炭・鉛筆]を選びます ❷。表示される[アート_木炭・鉛筆]パネルで、一番上の[チョーク]ブラシを選びます ❸。

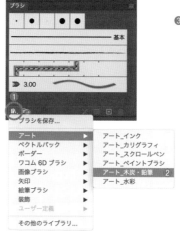

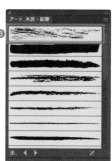

2 スタンプのオブジェクトの前面に線を3本描きます。線の色は黒にし、線幅は0.35mmです。3本の線を⌘＋Ｇキーでグループ化します。

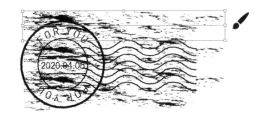

3 チョークの線のグループとスタンプのグループ、両方を選択した状態で[透明]パネルを表示して[マスク作成]をクリックします。

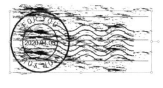

4 図のように見えなくなってしまうので、[クリップ]のチェックを外します。

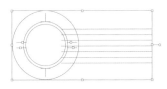

5 かすれたスタンプが完成しました。[解除]ボタンを押すと不透明マスクを解除することができます。

エアメール風の枠と組み合わせると手紙のようなデザインになります。アピアランスで作成するエアメール風の枠は、6-4で解説しています。

LESSON 5

塗りを使った
表現

Illustratorの塗りは、単にベタ塗りするだ
けでなく、グラデーション、パターンなどに加
え、塗りを応用してさまざまな加工を施すこ
とができます。ここでは塗りの基本的な使い
方と、そこからの応用を学んでいきましょう。

Illustratorの塗りの基本

Illustratorの塗りは、単にベタ塗りするだけでなく、グラデーション、
パターンなどに加え、塗りを応用してさまざまな加工を
施すことができます。ここでは塗りの基本的な使い方と、
そこからの応用を学んでいきましょう。

スウォッチパネルの活用

色は頻繁に使い回すことの多い素材なので、よく使う項目は[スウォッチ]
パネルに登録しておきます。

1 基本的な塗りや線の色の設定は、[カ
ラー]パネルで確認することができます。
[長方形]ツールで正方形を作成し、[カ
ラー]パネルで「C:50% M:50%」の色をつけ
てみましょう。

2 [スウォッチ]パネルを開き、[新規スウォッチ]
ボタンをクリックします。新規スウォッチのダイ
アログが表示されますので、「C=50 M=50 Y=0
K=0」と名前をつけて、[グローバル]にチェックを
入れた状態で[OK]を押します。

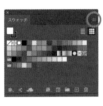
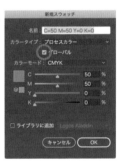

3 [スウォッチ]パネルに、新規スウォッチとし
てカラーが登録されます。

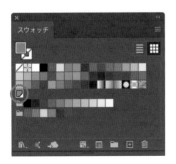

POINT
グローバルカラーの
スウォッチとは

[グローバル]にチェックをしたスウ
ォッチは、右下隅に白い三角マー
クがついています。このスウォッチ
を適用したオブジェクトは、すべて
共通のカラー設定になります。ス
ウォッチの色を変えると、適用した
すべての場所の色が変わります。

4　正方形の横に[楕円形]ツールで円を作成して、塗りに先ほど作成した[スウォッチ]パネルの「C=50 M=50 Y=0 K=0」を適用します。いったんオブジェクトの選択を解除します。

5　[スウォッチ]パネルの「C=50 M=50 Y=0 K=0」をダブルクリックすると、[スウォッチオプション]が開いて色の再設定ができます。試しに数値を「C:50% M:50%」に変えてみると、同じスウォッチ「C=50 M=50 Y=0 K=0」で指定したオブジェクトのすべてが同時に色が変更されます。

POINT

スウォッチの[カラー]パネルでの扱い

[カラー]パネルで、グローバルカラーのスウォッチは単色の扱いで、色名のみが表示されます。[濃度]の%しか変更できません。通常のカラー指定に変更したい場合はパネルメニューから選ぶか、下部のカラーバーを[Shift]キーを押しながらクリックすると、CMYK、RGB、グレースケール、HBSなど設定を切り替えられます。一度カラー設定を変更すると、スウォッチのグローバルカラーからは切り離されます。グローバルカラーを編集したいなら、[スウォッチ]パネル上で行いましょう。

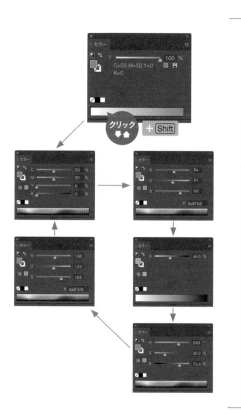

波扇模様をパターンで作る

背景に模様を入れる場合、同じオブジェクト（素材）を大量に
配置する方法は、色のパターン作成や形の調整が不便なうえ、
データも大きくなります。このような柄を用いた背景パターンは、
Illustratorのパターンを活用しましょう。

波扇のパターンを作る

1 ［楕円形］ツールを選択して任意の
箇所をクリックし、2mmの正円を作
成します。［カラー］パネルで図のように
塗りの色を設定します。

2 塗りの色をスウォッチでグローバルカラーとして
「C=0 M=30 Y=39 K=15」という名前で登録します。

3 円を選択した状態で、[アピアランス]パネルで[新規線を追加]ボタンをクリックして、塗りの下に線を6本追加します。下（背面）から上（前面）へ順に線幅を6mm〜1mmと1mmずつ小さくしていき、線の色は「C=0 M=30 Y=39 K=15」と「白」を交互に設定します。すると0.5mm幅の円が6つ描かれ、2mmの塗りの円を中心に、三重の色の輪が表示されます。

4 作成したものを[スウォッチ]パネルへドラッグすると、そのままパターンスウォッチとして登録できます。「新規パターンスウォッチ1」という名前になります。

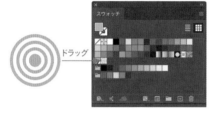

5 [長方形]ツールでクリックして縦横43mm程度の正方形を作成します。[スウォッチ]パネルで先ほどのパターンをクリックすると、円が整列した状態のパターンの塗りが表示されます。

6 [スウォッチ]パネルの作成したパターンをダブルクリックすると、[パターンオプション]のダイアログが表示されます。[タイルの種類]を[グリッド]から[レンガ]に変更します。パターンの配置が交互にずれた状態に切り替わります。

ドラッグ

7 ［レンガオフセット］を［1/2］にして、ずらし方の詳細を設定します。［幅］を6mm、［高さ］を3mmにするとパターンが少し重なった状態の繰り返しになります。

8 ［重なり］は、通常は後ろに重なっていく［上を前面へ］に設定されているので、［下を前面へ］に変更します。これで波扇のパターンが完成です。

9 左上のメニューで［完了］をクリックして保存すれば、先ほどの正方形が、波扇のパターンで塗りつぶされます。

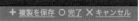

市松模様のパターンを作る

1 同じように簡単な模様も作成してみましょう。[長方形]ツールで2mm角のオブジェクトを
作成し、塗りを「C:0% M:90% Y:85% K:24%」としてスウォッチに登録します。

スウォッチ登録

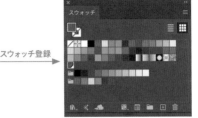

2 隣にぴったりつくように、長方形
をコピーし、[カラー]パネルでグ
ローバルカラーの濃度を50%程度に
落とします。

3 2つのオブジェクトをまとめて[スウォッチ]パネルに
ドラッグしてパターンスウォッチとして登録します。
スウォッチをダブルクリックして[パターンオプション]
を開き、[タイルの種類]を[レンガ]に変更します。

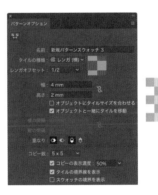

4 [楕円形]ツールで縦横30mmくらいの円を描い
て、[スウォッチ]パネルから塗りに「新規パター
ンスウォッチ3」を適用して重ねれば、和風パターン
素材の完成です。和風のフォントで文字を重ねてみ
ましょう。なお、パターンは塗りだけでなく線にも適
用できます。

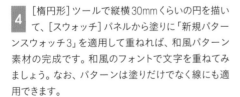

あとから修正できる イラストの影

イラストやロゴ、アイコンなど、オリジナルの素材を作成する際、
細かく色を塗り分けることも多くなります。ライブペイントなどを
活用した修正に強いイラストの描き方を覚えておきましょう。

イラストの影を塗り分ける際に、パ
スファインダーなどでパーツを分
割してしまうと、形を調整したとき
に塗り分けの修正が困難になって
しまいます。そこで、パスで区切る
だけで塗り分けられるライブペイン
トが便利です。

1 05-03.aiのファイルを開いてください。
ベースとなるパーツが用意してあります。

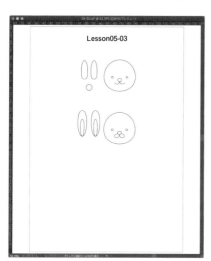

2 上のパーツのレイアウトを変更して、耳、
口のパーツを大まかに乗せ、犬のイラスト
を作成します。

3 [ペン]ツールを使って、図の赤い線のよう
に耳、鼻、顔の影となる部分を区切るパス
を作成し、目には[楕円形]ツールで光となる円
を作成します。

4 [選択]ツールですべてを選択した状態で、
ツールバーから[ライブペイント]ツールを
選択します。オブジェクトにポインターを重ねる
と、「クリックしてライブペイントグループを作
成」と表示されるのでクリックします。

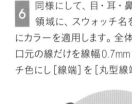

5 このファイルの[スウォッチ]パネルには、
あらかじめ使用する色を登録してあります。
ポインターを重ねるとスウォッチ名が表示され
ますので「犬」を選択します。再びオブジェクト
の上にポインターを乗せると、通常とは違う赤
い太枠でライブペイントで塗りつぶされる領域
が表示されます。顔の部分が選択されたらクリッ
クしてください。

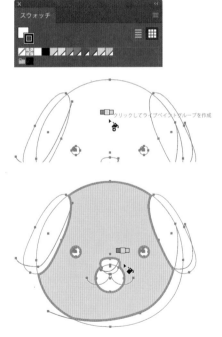

6 同様にして、目・耳・鼻・口の各パーツの
領域に、スウォッチ名を見ながら図のよう
にカラーを適用します。全体の線をなしにして、
口元の線だけを線幅0.7mmで鼻と同じスウォッ
チ色にし[線端]を[丸型線端]にします。

POINT

[ライブペイント]ツール での塗りつぶし

ライブペイントは、パス同士の重なって
いる間を埋めるように塗りを作成してい
ます。元の線の重ね方により、クリック
しにくい細かな部分が発生する場合も
ありますが、ドラッグで範囲を塗りつぶ
すこともできます。関係のない箇所を塗っ
ても、何度でも塗り直しができます。

7 ［ダイレクト選択］ツールに切り替えて、パスを編集してみましょう。アンカーポイントやハンドルを移動させて、影の形や向きなどを自由に編集することができます。ここでは右下に向けてつけていた影を、真下にくるように変更してみました。

8 下にあるうさぎも同様にパーツを配置して、［ライブペイント］ツールを使って彩色してみましょう。影を分ける赤い線を追加して、［スウォッチ］パネルから「口・耳2」や「うさぎ」「うさぎの影」などの名前のスウォッチを適用して、右のように塗り分けてください。

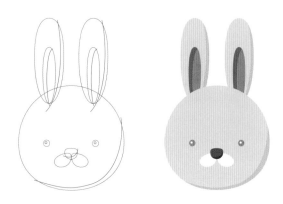

9 ライブペイントの強みは何度でも編集できることです。耳の形を変形、移動させたとしても、影を含めて自由に調整できます。ただし、パスの位置や、重なり方によっては想定と違う塗りが適用されてしまう場合もあります。その場合も落ち着いて再びライブペイントで指定をし直せば問題ありません。

写真からタイル状の背景を作る

5 | 4

写真をそのまま背景に使ってしまうと、絵が強すぎてしまう場合があります。写真素材からドットやタイル状のオブジェクトに変換すると、写真のイメージを残したまま、独特の背景や壁紙を作成することができます。

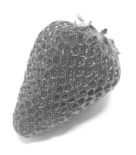

1 ［ファイル］メニューから［配置］を実行し、サンプルファイルのMIYA19st017_TP_V4.jpgを選択します。オプションで［リンク］にチェックが入っていても問題ありません。［配置］をクリックします。

2 どこかをクリックすると原寸で、ドラッグでサイズを指定して配置することができます。配置した画像は、［変形］パネルで幅［W］と高さ［H］の比率を固定するリンクマークをクリックしてオンにして、［H］を110mmにしておきます。

3 配置画像を選択した状態で[コントロール]パネル([ウィンドウ]→[コントロール]で表示)の[画像の切り抜き]をクリックします。リンク配置している場合、画像を埋め込んでよいかの確認が表示されるので [OK] を押します。

4 画像を任意のサイズで編集できる画面になります。正確に数値で指定したいので[プロパティ]パネルを使います。[切り抜き}で縦横比のリンクを外し、幅 [W] と高さ[H] とも100mmに指定して return キーを押し、正方形に画像をトリミングします。

5 画像を選択した状態で[オブジェクト]メニューから[モザイクオブジェクトを作成]を選択します。[モザイクオブジェクト]のダイアログで、[新しいサイズ]の[幅]と[高さ]を100mm❶、[タイル数]の[幅]と[高さ]も30に設定し❷、[ラスタライズデータを削除]にチェックを入れて❸ [OK] を押します。

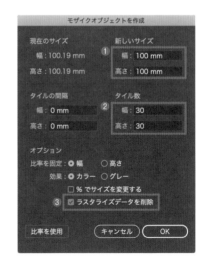

6 画像が正方形のタイル状に分解された オブジェクトが生成されます。

8 正方形は正円に変形し、画像を元にしたドット素材が完成します。数値を任意のものに変えながら、好みの加工をしても面白い素材になるでしょう。

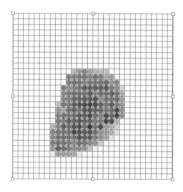

7 オブジェクトをすべて選択したまま、[効果]メニューから[形状に変換]→[楕円形]を選択します。[形状オプション]ダイアログで[プレビュー]にチェックを入れると❶、正方形が円弧状に変形します。[サイズ]の[値に指定]を選択し❷、幅[W]と高さ[H]を3mmに指定します❸。

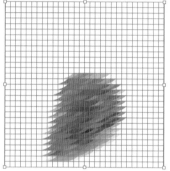

POINT

他の効果を使う

[効果]から他のメニュー、例えば[パンク・膨張]などを使っても、面白い素材を作ることができます。

LESSON 5

塗りを使った表現

5
4
写真からタイル状の背景を作る

127

<table>
<tr><td>5</td><td>5</td></tr>
</table>

ビールの中のような イメージ背景

フリーグラデーションを使えば、これまでの線形や円形の
グラデーションなどでは表現できなかった
淡い不規則なグラデーションが作成できます。
ここでその使い方を覚えておきましょう。

Illustratorでは細かなグラデーション表現に、従来から「グラデーションメッシュ」と呼ばれる機能があります。しかし、データ容量が増える欠点がありました。より直感的に使える機能として登場したのがフリーグラデーション機能です。

フリーグラデーションを設定する

1 あらかじめグラデーションで使用するカラーを用意しておきましょう。ここでは4種類のカラーを使用します。それぞれ図の設定でグローバルカラーとしてスウォッチに登録します。

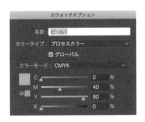

2 [長方形]ツールで50mm角の正方形を作成します。下地になる塗りの色は何でも構いません。

3 [ウィンドウ]メニューから[グラデーション]を選択します。[グラデーション]パネルで[種類]の一番右[フリーグラデーション]を選択します。

4 正方形の四つの角に丸いポイントが表示され、それぞれ違う色が指定された状態になります。

5 [グラデーション]ツールを選択して、左下の丸いポイントをクリックし、[スウォッチ]パネルから一番濃い茶色「ビール3」を選択します。

クリック

「ビール3」スウォッチ

6 同じように右下のポイントをクリックして「ビール3」の色に設定します❶。次に、下辺の中央あたりをクリックしてみましょう。新しいポイントが追加されます❷。新たなポイントは、直前に選んでいた色が設定されます。

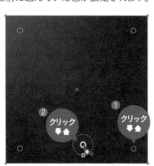

7 赤いスウォッチ「ビール2」を選択して、少し上に3点クリックして図のようにポイントを指定します。

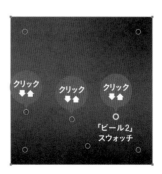

クリック クリック クリック

「ビール2」スウォッチ

8 黄色いスウォッチ「ビール1」を選択して、その上に2点クリックしてポイントを指定しましょう。

9 今度は少し指定方法を変えます。[グラデーション] パネルの [描画] の [ライン] を選択します。グラデーションを曲線でつないで指定することができます。

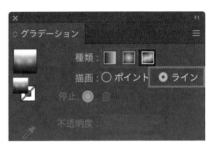

10 先ほどの黄色のポイントの上に、右からポイントを3つ打ってみましょう。2つ目以降のポイントに向かって線が表示され、2つ目以降はさらにカーブがかかった予測線が表示されるパスのようになります。ここでは緩やかなカーブを描くように指定しておきます。

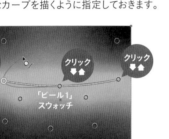

11 白いスウォッチ「泡」を選択して、先ほどの黄色のライングラデーションの上に同じように3点打ちます。これでグラデーションのベースが完成しました。

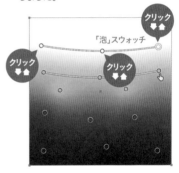

POINT

グラデーションの微調整

グラデーションはあとから微調整が可能です。[種類] が [ポイント] の場合、ポインターを重ねて表示される破線円の下部をドラッグすると、色の影響範囲を拡大縮小することができます。[グラデーション] パネルの [スプレッド] でも指定できます。

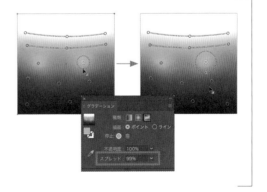

アピアランスの変形効果で泡を表現する

1 次に泡の部分を表現する素材を作ります。[楕円形]ツールで直径1mmの円を描画します（図ではわかりやすくするために背景に黒を敷いています）。

2 円を選択した状態で、[オブジェクト]メニューから[変形]を選択して[変形]ダイアログを表示し、[水平方向]1mm、[垂直方向]0mmで、[コピー]を押して右隣に複製します。

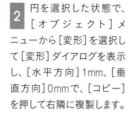

3 この円を複数に増やします。直前と同じ作業を繰り返す場合は⌘＋Dキー（[オブジェクト]→[変形]→[変形の繰り返し]）を利用します。キーを連打するだけで複製が隣に増えていきます。30〜40個ほどコピーを作成してください。

4 [選択]ツールでドラッグして横に並んだ円をすべて選択します。先ほどと同じように[オブジェクト]→[変形]で、今度は[水平方向]0mm、[垂直方向]1mmとして[コピー]します。そのあと⌘＋Dキーを連打して30〜40個ほど行のコピーを下方向へ作成します。

5 すべての円を選択し、[アピアランス]パネルから[新規効果を追加]→[パスの変形]→[変形]を選択します。[変形効果]ダイアログで、[拡大・縮小]を[水平方向]10％、[垂直方向]10％ ❶、[移動]を[水平方向]20mm、[垂直方向]20mmに設定し ❷、[ランダム]にチェックを入れて ❸ [OK]をします。

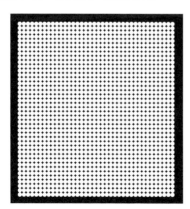

131

6 先ほどの円がランダムなサイズと位置に
ちりばめられます。

POINT

グループ化やパスの編集をしない

円をグループ化したり、パスファインダーで編集すると、それぞれの円が個別に変形しない、移動しない、などランダムになりません。注意しましょう。

7 もっと円を細かくランダムにしたいので、[アピアランス]パネルで、先ほど作成した「変形」を選択し❶、パネル右下の[選択した項目を複製]ボタンをクリックします❷。同じ効果を二重にかけることができます。

8 ランダムに配置された円をすべて選択してグループ化します。

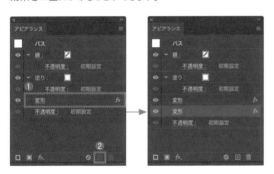

9 背景のグラデーションの上に円のグループを重ねます。円のグループを選択して[ウィンドウ]メニューから[透明]パネルを開き、[描画]を[オーバーレイ]に設定します。泡がちりばめられたビールのようなイラストの完成です。

5 6 グラデーションを重ねた メタル表現

グラデーションや線は、うまく使うことで金属のようなメタリックな
グラデーションを作成できます。メタリックな素材は、
ちょっとしたアイコンや背景の枠に利用できますので、
その表現を試してみましょう。

メタルの光沢をグラデーションで作る

スウォッチにはあらかじめグラデーションや
色のパターンが用意されています。金属の
ような色を選択する基準として利用するとよ
いでしょう。

1 ［スウォッチ］パネルのパネルメニューから、［スウォッチライブラリ
を開く］→［グラデーション］→［メタル］を選択して、［メタル］の
グラデーションスウォッチパネルを開きます。

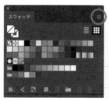

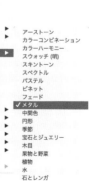

2 ［楕円形］ツールで縦横
30mmの正円を描き、先
ほどの［メタル］スウォッチリス
トの一番左上にある［ゴール
ド］を選択します。

3 円を選択したまま、［グラデーション］パネルで、グラデーショ
ンバー下側の一番左のカラー分岐点をパネルの外へドラッ
グし、削除します❶。その右隣のカラー分岐点を、一番左までド
ラッグしましょう❷先ほどよりもかなりシンプルなグラデーション
になります。

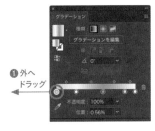

4 調整したグラデーションを、［スウォッチ］パネルの
［新規スウォッチ］で登録しておきましょう。

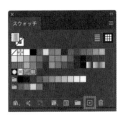

5 ［アピアランス］パネルで「線」の［線幅］を30mmにして、色に作
成したグラデーションを適用します❶。［線］パネルで［線の位置］
は［線を中央に揃える］にします❷。［アピアランス］パネルは常に開
いて作業しましょう。

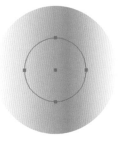

6 ［アピアランス］パネルで、背面に新しい線を［線幅］32mmで追加します❶。［グラデーション］パネルで［角度］を90度に設定します❷。少し立体感のあるメダルのような表現に変化します。

7 ［線幅］47mmで新しい線を背面に追加し、同じグラデーションを適用します❶。その背面に［線幅］50mmの線を追加して同じグラデーションを適用し、［グラデーション］パネルで［角度］を90度に設定します❷。

8 ［アピアランス］パネルで、一番背面の「塗り」を選択し、パネル下部の［新規効果を追加］*fx* から［形状に変換］→［楕円形］を選択します。［形状オプション］ダイアログで、［サイズ］を［値を追加］にして❶、［幅に追加］［高さに追加］ともに16mmにします❷。

さらに[新規効果を追加]
9 fx.から[パスの変形]→
[ジグザグ]を選択します。[ジ
グザグ]ダイアログで、[大き
さ]を3mm❶、[ポイント]を
「滑らかに」にします❷。このま
までもメタル風に見えますが、
さらに質感にこだわってみま
しょう。

[アピアランス]パネル
10 で、最前面の30mmの線
を選択し、[グラデーション]
パネルで[線]の設定を[パス
に沿ってグラデーションを適
用]にします。この線の幅は円
の中心まであるので、グラデー
ションが放射状にかかります。

中央が凹んでいるように見えるので、グラデーションの設定を変
11 えます。[グラデーション]パネルで、グラデーションバーの下に
あるカラー分岐点は、option キーを押しながらドラッグするとコピーで
きます。図のようにコピー・移動してカラー分岐点を4つから8つに増
やすと、円盤状の光沢感のあるグラデーションになります。

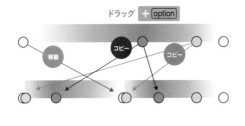

刻印風の文字を重ねる

1 05-06.aiのサンプルファイルにある「BEST OF THE YEAR」と「CONGRATULATIONS」のテキストを用意し、色を次のように指定します。

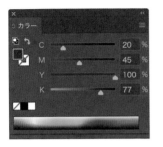

2 中央の「BEST〜」のテキストを選択して、[アピアランス] パネルで、パネル下部の [新規効果を追加] *fx* から [スタイライズ] → [ドロップシャドウ] を選択します。[ドロップシャドウ] ダイアログで、[描画モード] を [スクリーン]、[不透明度] を70%、[X軸オフセット] [Y軸オフセット] を0.4mm、[カラー] を白にします。

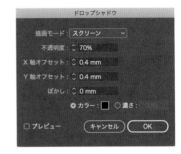

3 周りの「CONGRATULATIONS〜」のテキストを選択して、[アピアランス] パネルで、パネル下部の [新規効果を追加] *fx* から [スタイライズ] → [ドロップシャドウ] を選択します。[ドロップシャドウ] ダイアログで、[描画モード] を [スクリーン]、[不透明度] を70%、[X軸オフセット] [Y軸オフセット] を0.2mm、[カラー] を白にします。

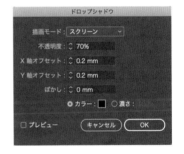

4 先ほど作成したグラデーションに、シャドウをつけた文字部分を重ねれば、メダルアイコンの完成です。

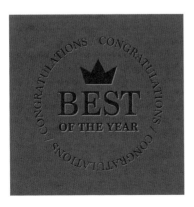

スポイトツールですばやく効果を使い回す

[スポイト] ツールは抽出元となるオブジェクトの線や塗り、効果など
すべてを抽出し、ほかのオブジェクトに適用することができますが、シ
ョートカットキーを知っておくとさらに使いやすくなります。

●塗りまたは線の色だけをコピーする

まず、適用先オブジェクトを選択し、ツールバーか [カ
ラー] パネルで塗りまたは線のどちらか適用対象 (ここ
では線) を選んでおきます。次に、[Shift] キーを押しなが
ら抽出元オブジェクトの塗りまたは線をクリックすれば、
その色が選択中の塗りまたは線に適用されます。線に
適用しても、線幅に影響はありません。

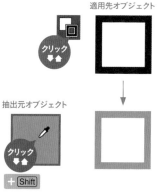

適用先オブジェクト

抽出元オブジェクト

●効果を複数のオブジェクトに適用する

まず、抽出元となるオブジェクトをスポイトでクリックし
て、すべての効果を抽出します。次に、適用先のオブ
ジェクトを [option] キーを押しながらクリックすると、同じ
効果が適用されます。これなら複数のオブジェクトに簡
単に同じ効果を適用できます。
うまく効果がコピーされない場合は [スポイト] ツールの
設定を確認して、[アピアランス] にチェックが入ってい
るか確認してください (P.107のPOINT 参照)。

抽出元オブジェクト　　適用先オブジェクト

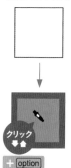

LESSON **6**

アピアランスを
使いこなす

これまでの章でも登場したIllustratorのア
ピアランスは、単純な線と塗りの装飾だけ
でなく、さまざまな加工編集を行うことがで
きます。アピアランスの基礎から応用まで
を学び、思い通りの描画ができるようにな
りましょう。

アピアランスの基本

[アピアランス] パネルはIllustratorにおける線、塗り、効果、
不透明度の4つを管理することができます。塗りの色や線の太さを
変更するのも、実はアピアランスが適用されている状態です。
まずは線や塗りの関係を再確認してみましょう。

アピアランスとは

アピアランスとはオブジェクトの基本構造を変更
せず、見た目だけ変更できる属性です。複数の
効果を1つにまとめておくこともできます。
図のようなデザインはオブジェクトを重ねること
で表現することも可能です。しかし制作途中で
文言を変更したくなった場合はどうでしょう?
文字をグラデーションにするためアウトライン化

してしまったので文字を打ち変えることができず、
最初から作り直さないといけません。
アピアランスを使って制作しておくと、文字のま
ま非破壊で効果を適用でき、修正しやすいデー
タ作りができます。また [グラフィックスタイル]
に登録することで、同じ効果を与えたアピアラン
スを何度でも使うこときます。

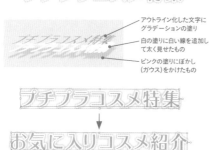

アウトライン化した文字に
グラデーションの塗り

白の塗りに白い線を追加し
て太く見せたもの

ピンクの塗りにぼかし
(ガウス)をかけたもの

オブジェクトにアピアランスを適用する

アピアランスは適用する単位によって作用が変
わります。まず1つのオブジェクトに対して効果
をつけてみましょう。ここからは [ウィンドウ] メ
ニューから [アピアランス] パネルを開いて進め
ていきます。

1 [長方形]ツールで縦横50mmの正方形を
描きます。塗りは水色(C:25% M:5%)、線
は黒で線幅は2mmにします。

2 オブジェクトを選択した状態で[効果]メニューから[スタイライズ]→[ドロップシャドウ]を選択します。この操作は[アピアランス]パネルの左下にある[新規効果を追加] fx ボタンからも行うことができます。

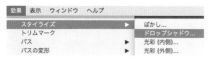

3 [ドロップシャドウ]で、左下の[プレビュー]にチェックを入れ❶、[描画モード]を[乗算]❷、[不透明度]を75%❸、[X, Y軸オフセット][ぼかし]をそれぞれ2mm❹、[カラー]を黒にします❺。

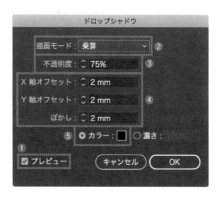

4 正方形にドロップシャドウが追加されます。[アピアランス]パネルを見ると「塗り」の下に「ドロップシャドウ」の項目が表示されています。

5 この「ドロップシャドウ」をドラッグして「線」の項目に重ねてみましょう。「線」の下に入り、線に対してドロップシャドウが適用されます。

このように[アピアランス]パネル内に追加されたアピアランスは、上から順に適用されていきます。狙いどおりの表現をするには、効果の重ね順を理解しておく必要があります。

テキストにアピアランスを適用する

テキストにもアピアランスを与えることができます。図のような袋文字を作ってみましょう。

袋文字アピアランス

1 [文字] ツールで「袋文字のアピアランス」と入力します。フォントサイズは30ptとしました。

袋文字のアピアランス

2 [アピアランス] パネルを見ると、先ほどオブジェクトにアピアランスを施した場合と違い「色」や「線」の項目がありません。テキストのアピアランスは、テキストアピアランスという箱の中に「文字」の情報が入れ子になった状態になっています。

3 「文字」の項目をダブルクリックで展開してみましょう。すると文字に使った色（黒）が塗りに指定されているはずです。テキストにアピアランスを適用させる際、この「文字」の塗りと線が残ったままだと印刷のときに思わぬ結果を招くことがあります。効果を施す前に文字の塗りはなしにする癖をつけましょう。

4 [アピアランス] パネルの一番上の項目「テキスト：アピアランスなし」をクリックして先ほどの画面に戻って、ツールバーで塗りと線を両方なしにします。

5 [アピアランス] パネル左下の [新規塗りを追加] ボタンをクリックするか❶、パネルメニューから [新規塗りを追加] を選択して❷、塗りを追加します。

6 ［アピアランス］パネルで「テキスト」の下に塗り
が追加されて自動的に黒に設定され❶、同時に
線の項目も出てきます❷。

7 塗りを好きな色に変更します。ここでは赤（M:100%
Y:100%）にしました❶。次に、塗りの上にある線の色を
クリックして黄（Y:100%）に変更します❷。

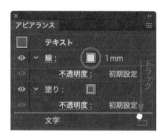

8 線を塗りの下へドラッグします。線幅を2mmに太くし、
［線］パネルで［角の形状］を［ラウンド結合］にしましょう。

9 線の項目を選択した状態で、［ア
ピアランス］パネル右下の［選択
した項目を複製］ボタンをクリックす
るか❶、パネルメニューから［項目を
複製］を選択すると❷、線が複製され
ます。

10 下になった線の色を赤に変え、線幅を3mmにします。これで袋文字の完成です。

テキストの背面に帯をつける

テキストの長さに追従して伸び縮みする帯をアピアランスで作ることができます。

帯のアピアランス

1 ［文字］ツールで「帯のアピアランス」と30ptのテキストを入力します。先ほどのように文字の塗りと線をなしにします。

帯のアピアランス

2 ［アピアランス］パネルで［新規塗りを追加］ボタンをクリックして❶、塗りを追加します。いったん黒色が適用されるので、濃い緑（C:50% M:30% Y:95% K:30%）に変更します❷。

3 この塗りを［選択した項目を複製］ボタン❶で複製して、下になったほうの塗りを薄い緑（C:50% Y:60%）にします❷。

帯のアピアランス

4 薄い緑の塗りを選択した状態で、［効果］メニューから［パス］→［オブジェクトのアウトライン］を選択します。

効果	表示	ウィンドウ	ヘルプ		
パス				▶	オブジェクトのアウトライン
パスの変形				▶	パスのアウトライン
パスファインダー				▶	パスのオフセット...
ラスタライズ...					

5 薄い緑の塗りに「オブジェクトの
アウトライン」の効果がつきます。

POINT

オブジェクトのアウトライン

擬似的に文字をアウトライン化したとみなす効果で
す。テキストの見た目の大きさと、テキストオブジェク
トの大きさには差があるためこの処理を行います。
この処理を行わないと帯と文字の中心が合わず、
ズレた見た目になってしまいます。

隙間がある

6 [効果]メニューから[形状に変換]→[長方形]を選択し
ます。オプションの[値を追加]を選択して❶、[幅に追加]
と[高さに追加]をそれぞれ3mmにして❷[OK]します。文字の
大きさに3mmの余白をつけて背景に帯が敷かれます。

7 オブジェクトでつけた背景と違い、文字を
編集してもアピアランスが適用され、文字
の幅にしたがって帯の幅も伸び縮みします。

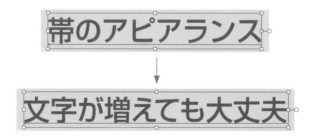

グループにアピアランスを適用する

2つ以上のオブジェクトをグループ化したものにもアピアランスを
適用することもできます。141ページで作ったオブジェクトを使用
します。いったんアピアランスを初期化しましょう。

1 オブジェクトを選択して、[アピアランス]パネル
メニュー**❶**から[基本アピアランスを適用]**❷**を
クリックします。元の基本的なオブジェクトの見た目
に戻すことができます。

POINT

アピアランスを削除する

特定の効果だけを選んで消したいと
きは、パネルメニューから[アピアラ
ンスを消去]を選ぶか、パネル右下の
[選択した項目を削除]ボタン**❸**を押
します。

2 オブジェクトを[option]キーを押しながらド
ラッグして複製します。わかりやすいように
少し重ねて配置し、2つを選択して⌘+Gキー
でグループ化します。

グループ化

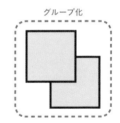

3 グループ化したオブジェクトを選択し
た状態で、[効果]メニューから[スタ
イライズ]→[ドロップシャドウ]を選択しま
す。[ドロップシャドウ]で141ページと同
じ設定にして[OK]で適用します。グルー
プ化された2つのオブジェクトが1つのオブ
ジェクトのように扱われて効果がつきます。

POINT

グループを解除すると効果は消える

グループを解除するとグループ化してから適用した
アピアランスがすべて消去されてしまいます。

オブジェクト単体にアピアランス　　グループにアピアランス

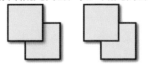

146

レイヤーにアピアランスを適用する

レイヤーにアピアランスを適用することもできます。グ
ループにアピアランスを適用した場合のように、そのレ
イヤーに描画されたオブジェクトすべてに同じ効果を与
えることができます。例えば地図の作成によく使われま
す。サンプルファイルの06-01.aiを開いてください。

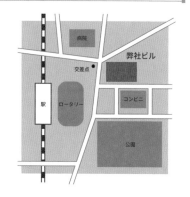

1 文字が読みにくいので白縁をつけます。[レイヤー] パネルで、「文字」のレイヤー
名の右にある丸をクリックします。すると二重丸に変化し、レイヤーに対してアピア
ランスを設定することができます。

2 [アピアランス] パネルを見ると、アピアランスの対象がレイヤーになっていることが確認できます。

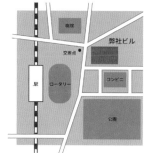

3 ツールバーで文字の塗りをなしにします。[アピアランス] パネルで [新規塗りを追加] ボタンで塗りを追加し❶、色を黒にします❷。

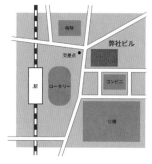

LESSON **6** アピアランスを使いこなす

6
1
アピアランスの基本

147

線の色を白にして**1**、塗りの下にドラッグ
します**2**。線幅を2mmにして**3**、[線]パ
ネルで[角の形状]を[ラウンド結合]にします
4。文字に白縁がつきました。

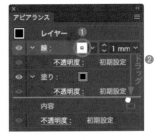

[レイヤー]パネルで「道路」レイヤーを選択します。[アピアランス]
パネルを見ると、このレイヤーにはすでにアピアランスが適用されて
います。前面に白い3mmの線**1**、背面にグレーの4mmの線**2**の2つの
線です。道路のパスの塗りと線はなしです。道路のパスを動かしたり増や
したりしてみましょう。移動したり、増やしたパスにも白にグレーの縁が
自動的につきます。

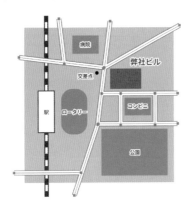

6 2 手描き風の文字

アピアランスは組み合わせ次第でさまざまな表現をすることができます。あとから修正しやすいことから、
特に文字の装飾に向いています。アピアランスの組み合わせで、
文字にブレを加えて手描き風にしてみましょう。

HANDWRITING

塗りを手描き風にする

1 ［文字］ツールで、太めの書体を選び「HANDWRITING」と入力します。
ここではフォントはArial Black、サイズは60ptにしました。

HANDWRITING

2 ツールバーで文字の塗りと線をなしにして、［新規塗りを追加］ボタンを押して塗りを追加します。色は白に変えます。

3 追加した塗りを選択して、パネル右下の［選択した項目を複製］ボタン田で複製します。前面にある塗りを好きな色のグラデーションに変えます。通常、文字の色はアウトライン化をしないとグラデーションにはできないのですが、アピアランスで塗りを設定すれば文字のままできます。

HANDWRITING

グラデーションを選ぶ

ここではIllustratorに最初から収録されているパステル
のグラデーションを使用しています。塗りをクリックする
と［スウォッチ］パネルが開くので、左下の［スウォッチ
ライブラリメニュー］ボタン  をクリックして、［グラデ
ーション］→［パステル］を選びます。［パステル］パネ
ルが表示されるので、［パステルマルチカラー4］をクリ
ックします。スウォッ
チライブラリはほかに
もいろいろな種類の
グラデーションやパタ
ーンが収録されていま
す。試してみましょう。

4 グラデーションの塗りに対して落書き効果をかけま
す。［効果］メニューから［スタイライズ］→［落書き］
を選択します。［落書きオプション］で、数値を図のよう
に設定して、［OK］で適用します。

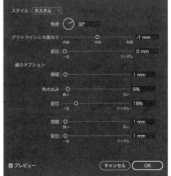

縁取り線にブレを加える

1 文字に縁をつけます。線の色を黒にし、線幅を1mm
にします。［アピアランス］パネルで、線はグラデーショ
ンの塗りの上にくるようにしてください。

2 　線を選択した状態で、[効果]メニューから[パスの変形]→[ラフ]を選択します。[ラフ]の[オプション]で[サイズ]を1%①、[詳細]を25/inch②、[ポイント]を[丸く]③にして[OK]します。

3 　文字に影をつけます。[アピアランス]パネルで白の塗りを選択した状態で、[効果]メニューから[スタイライズ]→[ドロップシャドウ]を選択します。[ドロップシャドウ]で図のように数値を設定してください。今回はくっきりとした影にするため[ぼかし]は0にしていますが、好みで変更してください。

ビスケット風の文字

アピアランスは塗りも線も複数設定できます。
それぞれに効果を加えることでさらに複雑な表現ができるので、
文字だけで目をひく表現にすることができます。
ここではビスケットのような文字を作ってみましょう。

アピアランスを重ねて文字を装飾する

1 [文字]ツールで、太めの書体を選び
「BISCUIT」と入力します。ここではフォ
ントはCooper Std、サイズは60ptにしました。

2 ツールバーで文字の塗りと線をなしにして、[アピアランス]
パネルで[新規塗りを追加]ボタンを押して塗りを追加します。
塗りの色を薄いオレンジ（C:5% M:30% Y:60% K:0%）にします。

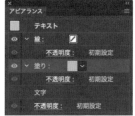

3 こんがりと焼き上がったように見えるようにします。
塗りを選択して、[効果]メニューから[スタイライ
ズ]→[光彩（内側）]を選択します。[光彩（内側）]で、
色を塗りと同じ薄いオレンジに、[描画モード]を[乗算]
にします❶。[不透明度]を70% ❷、[ぼかし]を2mm ❸、
[境界線]を選択して❹[OK]します。

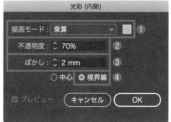

4 ざらざらした質感をつけます。[アピアランス]パネルで、薄いオレンジの塗りを選択し、[新規塗りを追加]ボタンで塗りを追加します。

5 上になったほうの塗りの色をクリックして❶、表示される[スウォッチ]パネル左下の[スウォッチライブラリメニュー]ボタン❷から[パターン]→[ベーシック]→[ベーシック_テクスチャ]を選択します❸。

6 [ベーシック_テクスチャ]パネルが開くので、[点描（細かい)]を選択します。

POINT

名前でスウォッチを検索する

パネルの検索フィールドに「点描」と入力すると名前でスウォッチが絞られて探しやすくなります。

---

7 この点描テクスチャの塗りの[不透明度]をクリックして❶、[描画モード]を[ソフトライト]❷、[不透明度]を50%❸にしてなじませます。

8 輪郭を不規則にします。[ア
ピアランス]パネルの「テキ
スト」を選択した状態で、[効果]
メニューから[パスの変形]→[ラ
フ]をクリックします。[ラフ]の
[オプション]で[サイズ]を0%❶、
[詳細]を20/inch❷にして[OK]
します。見た目には変化はありま
せん。

9 [効果]メニューから[パス
の変形]→[ジグザグ]を選
択します。[ジグザグ]で[大きさ]
を1%❶、[折り返し]を1❷、[ポ
イント]を[滑らかに]❸にして
[OK]します。輪郭が波打ってビ
スケットらしくなります。

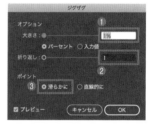

10 クッキーに厚みをつけます。薄いオ
レンジ色の塗りを選択して、[選択し
た項目を複製]ボタンで複製して❶、下
になったほうの塗りは[光彩（内側）]の
効果を削除し、少し濃い色（C:0% M:45%
Y:80% K:10%）にします❷。

11 [効果]メニューから[パス]→[パスのオフセット]
を選択し、[オフセット]を0.7mmにします。

12 [効果]メニューから[パスの変形]→[変形]を選択します。[変形効果]で[移動]の[水平方向]と[垂直方向]を0.3mmにして[OK]します。これで完成です。最終的な[アピアランス]は右のような構造になります。

アピアランスを登録して再利用する

一度作ったアピアランスは、[グラフィックスタイル]パネルに登録すると次回同じものを作りたいときにいちから作らなくてすむので便利です。[ウィンドウ]メニューから[グラフィックスタイル]でパネルを呼び出し、先ほど作ったビスケット文字をドラッグするとサムネールが作られ登録されます。

ドラッグ

06-03a.aiファイルにはこれまで作ったアピアランスを［グラフィックスタイル］パネルに登録してあります。オブジェクトを選択した状態でサムネイルをクリックすると適用されます。文字やいろいろな形のオブジェクトに適用して遊んでみてください。

スウォッチと同じように、デフォルトで収録されたグラフィックスタイルもあります。［グラフィックスタイル］パネルの左下の［グラフィックスタイルライブラリメニュー］ボタンをクリックすると一覧が出てきます。参考になるものがあるかもしれませんので一度見てみてください。

6 | 4 エアメール風の枠

自分で作ったスウォッチを登録してアピアランスの塗りに適用すれば、
飾り罫線の太さや大きさを再編集できるように作成できます。
ここではアピアランスを使って変形に強い
エアメール風の枠を作りましょう。

┃ ストライプ柄のスウォッチを作成する

1 [長方形] ツールで、塗りを青 (C:
70% M:40%) にして、幅3mm×
高さ20mmの長方形を描きます。

2 option＋Shift キーを押しながら真横にドラッグして
複製します。これを繰り返して合計3つ複製し、色を
白、赤 (M:85% Y:70%)、白にします。

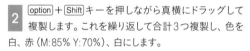

3 [ウィンドウ] メニューから [整列] パネルを
開きます。4つの長方形を隙間なく並べま
しょう。長方形をドラッグですべて選択してから、
どれか1つをクリックしてキーオブジェクトにし
ます。ここでは赤をクリックしています。

4 [整列] パネルの下部にある [等間隔に分
布] の [水平方向に等間隔分布] をクリッ
クします。このとき [間隔値] は0mmにしておき
ます。これでキーオブジェクトを中心にして、隙
間なく並べられました。

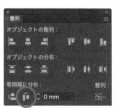

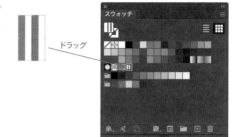

5 4つの長方形を選択して、[スウォッチ] パネルにドラッグ&ドロップして、ストライプ柄のスウォッチを登録します。

ドラッグ

枠状にアピアランスを適用する

1 [長方形] ツールで、幅 100mm×高さ60mmの長方形を描きます。塗りに、[スウォッチ] パネルから先ほど作ったストライプ柄を適用させます。

2 長方形を選択した状態で、[効果] メニューから [パスの変形] → [変形] を選択します。[変形効果] で、[オプション] は [パターンの変形] のみにチェックを入れ❶、[回転の角度] を-45°にします❷。これで斜めのストライプになりました。

3 ［アピアランス］パネルで、［新規塗りを追加］ボタンをクリックして塗りを追加し❶、ストライプ柄の塗りの上に配置して、色を白にします❷。

4 白の塗りを選択した状態で、［効果］メニューから［パス］→［パスのオフセット］を選択します。［パスのオフセット］で［オフセット］を-3mmにして❶、［角の形状］は［マイター］❷になっていることを確認して［OK］します。

5 白の塗りがストライプ柄の塗りより3mm小さくなり、エアメール風の枠が完成です。塗りのアピアランスで作っているので、オブジェクトの大きさを変えても枠の太さが変わることはありません。長方形を変形して確認してみましょう。

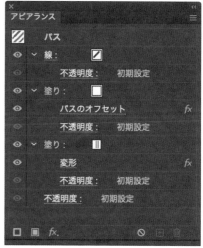

POINT

ストライプの調整

ストライプの細かさは手順❷の［変形効果］で［拡大・縮小］の数値で変更できます。枠の太さは手順❹の［オフセット］の数値を変えれば変更できます。

5 漫画風の集中線と立体文字

漫画表現でよく使われる、集中線と立体風の文字を作ってみましょう。
何本もの線をパスで描くのは大変です。アピアランスを使うことで
簡単に表現できます。グラフィックスタイルに登録して
好きなシェイプに適用することができます。

集中線をアピアランスで作る

1 [長方形]ツールで幅100mm×高さ50mmの
長方形を描きます。線はなしにして、塗りは何
色でもよいのでわかりやすい色を指定してください。
ここではM:100% Y:100%の赤にしています。

Lesson05-03

2 長方形を選択した状態で、[アピアランス]パネルの[新
規効果を追加]ボタン *fx* から[パスの変形]→[変形]
を選択します。[変形効果]で[プレビュー]にチェックして**①**、
[回転]を90° **②**、[コピー]を1にし**③**、長方形が十字に重
なるような状態で[OK]します。塗りに変形の効果が追加さ
れます。

3 ［アピアランス］パネルで、塗りの項目を選択した状態で［新規効果を追加］ボタン fx から［形状に変換］→［楕円形］を選択します。ここで塗りが選択されていないと、パス全体が変形するので注意しましょう。［変形オプション］で［サイズ］を［値を追加］❶、［幅に追加］と［高さに追加］を0にして❷［OK］します。見た目が楕円形に変形します。

4 ［アピアランス］パネル内に追加された「楕円形」を「変形」の下にドラッグします。効果がかかる順番が変化し、楕円形が2つ重なっている形が、正円が2つ重なった状態に変わります。

5 円をさらに変形します。［アピアランス］パネルで、再び塗りを選択した状態で［新規効果を追加］ボタン fx から［パスの変形］→［ラフ］を選択し、［ラフ］の［オプション］で［サイズ］を30%❶、［詳細］を50/inch❷に設定して［OK］します。

POINT

アピアランスの 重ね順の変更

一度動かしたい項目（楕円形）をクリックし、項目が青くなったところで、改めてドラッグで移動させるとうまくいきます。

6 この段階では、見た目は丸が大きくなっただけです。ここでも、効果の順番を変える必要があります。[アピアランス]パネルで、「ラフ」を「楕円形」の下にドラッグします。変形→楕円形→ラフの順番にすることで、トゲトゲのオブジェクトができました。

 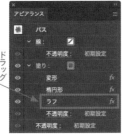

7 トゲトゲを元の長方形オブジェクトの形で、マスクします。[アピアランス]パネルで、[新規塗りの追加]ボタン□で塗りを追加し、色を黒にしましょう。

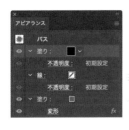 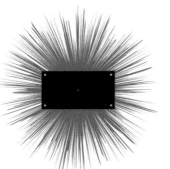

8 [アピアランス]パネルで全体を示す「パス」を選択し、[新規効果を追加]ボタン fx から[パスファインダー]→[背面オブジェクトで型抜き]を選択します。この時点では見た目は変わらないので、追加された「背面オブジェクトで型抜き」をパネル上で一番下の「不透明度」の上までドラッグします。

9 これで集中線のアピアランス効果が完成しました。[ウィンドウ]メニューから[グラフィックスタイル]パネルを開き、オブジェクトをパネルにドラッグして追加しましょう。

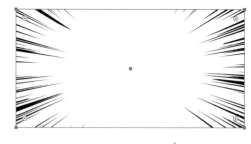

好きな形状のパスを描いてグラフィックスタイルを適用（クリック）すれば、パスに合わせた集中線が使えるようになります。

集中線のサイズと位置を調整するには、[アピアランス]パネルで塗りを選択して、[効果]メニューから[パスの変形]→[変形]の効果を最後に追加します。[変形効果]で[プレビュー]にチェックを入れた状態で❶、[拡大・縮小]で集中線のサイズ❷、[移動]で中心の位置❸を任意に変更できます。

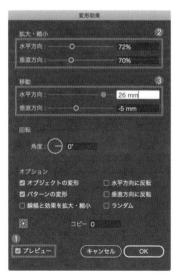

立体風の文字を追加する

最後に、集中線に乗せる立体風の文字を作ってみます。

1 好きなテキスト、フォントで文字を用意します。フォントは少し太めのものがよいでしょう。ツールバーで文字の塗りをなしにしてから、[アピアランス]パネルで線の黒と、塗りの白を追加します。

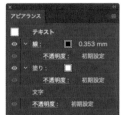

2 [効果]メニューから[3D]→[押し出し・ベベル]を選択します。[3D押し出し・ベベルオプション]で傾きや奥行きを任意で設定します。ここでは[X軸]16°、[Y軸]8°、[Z軸]7°、[押し出しの奥行き]50ptに設定しています。

3 集中線の上にのせ、それぞれの向きやサイズなどを微調整すれば完成です。

実践トレース
テクニック

手描きの下絵・写真をトレースをして、拡大縮小に強いベクトルイラストを描きましょう。同時に、学んできたIllustratorのさまざまな機能を組み合わせて、チラシやショップカードといった実践的な作例作りに活かしていきましょう。

イラスト入りイベントチラシ

フリーハンドのイラストは、人によっては手描きの下絵を元に、
Illustratorで線や塗りを仕上げるほうがやりやすい場合もあります。
ここでは手描きのラフをトレースして絵に仕上げ、
配置したイベントチラシを作成してみましょう。

手描きのトレース

下絵を紙に鉛筆で描いたら、スキャンする
か、スマートフォンのカメラで撮影してJPG
画像のファイルにしましょう。ここではサン
プルで用意したJPG画像を使って練習しま
す。今回はA4(210mm×297mm)サイズ
で、新規ドキュメントを作成しましょう。

下絵を配置しテンプレートにする

1 [ファイル]メニューから[配置]を選択
して07-01.jpgを読み込みます。または
画像ファイルを直接Illustratorのワークス
ペースにドラッグしてもかまいません。

2 [レイヤー]パネルを開き、配置した画像「レイ
ヤー1」をダブルクリックして[レイヤーオプショ
ン]を開きます。レイヤー名の上でダブルクリックす

るとレイヤー名の変更
になるので、レイヤー
名の後ろで行いましょ
う。パネルメニューから
[「レイヤー1」のオプ
ション]を選択する方
法もあります。

3 配置したレイヤー の名前を「下絵」に変更し❶、[テンプレート]にチェックを入れます❷。[画面の表示濃度]❸は配置した画像の透過を指定しています。初期設定は50%で、いつでも自由に再設定できます。[OK]をクリックします。

4 下絵がテンプレートレイヤーになります。[レイヤー]パネルで、左端のアイコン表示が▣に変わり、さらにロックがかかります。

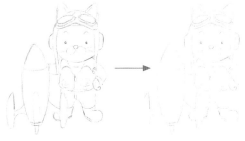

POINT

テンプレートレイヤーの利点

テンプレートレイヤーにすると、大きく以下のような特徴があります。

・印刷に反映しない
・アウトライン表示でも画像が表示される

トレースは、描画しているパスと下絵の両方を確認しながら進めます。パスの細部を確認するとき、[表示]メニューから[アウトライン]（⌘＋Yキー）でアウトライン表示に切り替えます。塗りや線の設定のない純粋なパスの表示になりますが、配置画像の中身も見えなくなります。テンプレートレイヤーにすると、アウトライン表示でも画像内容を表示してくれます。画像からのトレース作業を行うなら、下絵は必ずテンプレートレイヤーに変更しましょう。[画面の表示濃度]の設定は画像のみに適用され、パスやテキストなどには影響ありません。

[レイヤー] パネルでトレース用の新規レイヤーを作成します。そこに [ペン] ツールやシェイプを使って、下絵をトレースするパスを描いていきます。

イラストのトレースは人それぞれの癖や描き方がありますが、ここでは簡単に描くためのポイントを、ロケット部分を例にあげていきます。

クローズパスで描く

塗りで隠れるところもパスをつないでクローズパスにしておきます。線をトレースしていくと、前面のオブジェクトで隠れる箇所がありますが、塗りを適用したときに予想しない表示や崩れる原因になるので、背面に隠れる線も描いておきましょう。

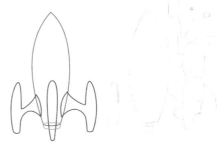

色の境目をオープンパスで描く

1つの形の途中で色が変わる、または2つのオブジェクトのアウトラインを綺麗につなげたい部分は、分割用の線（塗りなし）を描いておき、あとからパスファインダーの分割等を利用します。

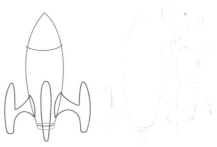

塗りと線を初期化する

一通り線画ができたところで一度パスをすべてを選択して、ツールバーか [カラー] パネルから [初期設定の塗りと線] を設定します。

重ね順を整える

[選択] ツールでパスを選択し、パスの重ね順を整えます。1つ1つ右クリックでメニュー選択をしていては時間がかかってしまうので、ショートカットキーを覚えておくと便利です。

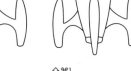

最前面へ	⇧⌘]
前面へ	⌘] ←ショートカットで
背面へ	⌘[順番を整える
最背面へ	⇧⌘[

仮色を作成してスウォッチに登録しておく

色はあとから変えられるので、使う色を考えておき、同じ色を設定する箇所は可能な限りスウォッチを利用しましょう。

パスを分割する

塗りを適用する前に、分割用の線を引いた部分はパスファインダーや [シェイプ形成] ツールで分割しておきます。

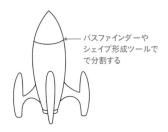

パスファインダーやシェイプ形成ツールで分割する

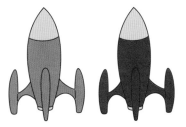

イラストに雰囲気を持たせる

単調な線と塗りで描いたイラストは、強弱がなく雰囲気がでない場合があります。
そこで線をアレンジしてイラストに強弱を与えてみましょう。

例1:グループ化してアピアランスで太い線を加える

イラストをすべてグループ化し、グループにかかるようにアピアランスで線を追加して、少し太めの線にすると、イラストが浮き出してかわいい雰囲気を出すことができます。

例2：ブラシで強弱をつける

[ブラシ]パネルから、標準で登録されているブラシを適用するだけでも雰囲気が変わります。強弱をわかりやすくつけられる楕円のブラシを適用すると、少し柔らかい手描きの雰囲気になります。

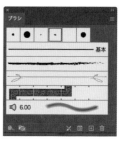

例3：内側描画で
立体感のある影をつける

線自体をなくし、グラデーションなどをかけることで影を表現することもできます。ここではこの方法でイラストを加工してみましょう。

立体感のあるイラストにする

内側描画でぼかしを使った影をつけることで、少し立体感のあるイラストの作り方を紹介します。内側描画は、マスク処理を行うことなく、選択したオブジェクトの中に別のパスを描画することができる機能です。

1 彩色するオブジェクトを1つ選択します（グループでは使えません）。ここでは顔の輪郭です。ツールバーの下部にある[描画方法]を[内側描画]に変更します（[Shift]+[D]キー）。すると選択したオブジェクト（顔の輪郭）を囲むように四隅に点線が表示されます。

2 ［ペン］ツールを選択して、塗りは好きな色で（線はなし）、選択したオブジェクト（顔）に一部が重なるように影をつける部分にクローズドパスを描画します。描いたパスが、選択オブジェクトで自動的にマスクをかけた状態になっているのがわかります。

3 描いたパスの色を黒（C:100％ M:100％ Y:100％ K:100％）に変更し、［ウィンドウ］メニューから［透明］パネルを表示して、［描画モード］を［乗算］❶、［不透明度］を20％❷にします。

4 ［アピアランス］パネルで塗りを選択して［新規効果を追加］ボタンから、［ぼかし］→［ぼかし（ガウス）］を追加して、［半径］を10pixelにします。

5 内側描画したパスは、色や形をあとから自由に変更できます。編集する際は、［ダイレクト選択］ツールで直接パスを選択するか、［選択］ツールでダブルクリックしてパスの編集モードにすると内部描画したパスを調整できます。

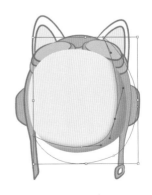

POINT

ぼかしには2種類ある

アピアランスのぼかしには2種類あり、Illustrator効果の［スタイライズ］→［ぼかし］と、Photoshop効果の［ぼかし］があります。見た目上の違いとしては、Illustrator効果は縁部分のみ、内側にぼかしがかかります。Photoshop効果は内側だけでなく、オブジェクト全体にぼかしがかかります。好みや用途によって使い分けましょう。

Illustrator 効果のぼかし　　Photoshop 効果のぼかし

6 同様に、顔の反対側に帽子の影を入れましょう。一度内側描画を使ったオブジェクトは、[選択]ツールで選択できる箇所が、内側描画で描いたパスの範囲、または元となるオブジェクトのパス上のみに変わります。追加で内側描画を行う場合は、[ダイレクト選択]ツールで元となるオブジェクトのパス上をクリックします。

7 ツールバーから[描画方法]を[内側描画]に変更すれば、再び別のパスを内側に描画できます。影は、その場所や形によって、ぼかしの[半径]を5pixelにしたり、[不透明度]を10％にしたり、少しずつ好みで調整してください。帽子の影はぼかしを5pixelに変更しています。影をつけ終わったら、ツールバーで[標準描画]を選択して描画方法を元に戻します。

各パーツごとに影を追加すれば、全体が柔らかい立体感を持ったイラストにすることができます。内側描画で影をつけたオブジェクトの線はなしにして、線として残すパスにはブラシを適用して強弱をつけています。

チラシに配置して素材を加える

完成したイラストを使って、文字や装飾を配置してチラシにしてみましょう。ここでのフォントは、Adobe FontsのTA-F1ブロックライン (https://fonts.adobe.com/fonts/ta-f1blockline) と、Noto Sans CJK を使用しています。フォントが利用できない場合は、07-01.aiに元となる文字のアウトラインがあるので、そちらを使ってください。

光をちりばめる

1 [長方形] ツールでA4サイズ (210mm×297mm) の長方形を描いて最背面に配置し、スウォッチから「C=100 M=100 Y=50 K=0」を適用します。文字には白を適用し、「エントリー受付中」にはスウォッチから「C=0 M=24 Y=71 K=0」を適用します。

2 [楕円形] ツールで6mmの黒い正円を描きます。[アピアランス] パネルで [新規効果を追加] ボタンから [パンク・膨張] を選びます。[パンク・膨張] で-80%に収縮させて [OK] して、十字形のオブジェクトを作成します。

3 ブラシに登録します。十字形のオブジェクトを選択して[ブラシ]パネルで[新規ブラシ]ボタンを押し、[新規ブラシ]で[散布ブラシ]を選択して[OK]します。[散布ブラシオプション]で右のように設定して[OK]します。

- ・サイズ:ランダム・最小10%・最大100%
- ・間隔:ランダム・最小40%・最大100%
- ・散布:ランダム・最小-80%・最大0%
- ・回転:固定・30°
- ・着色:彩色

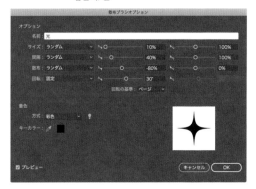

4 [楕円形]ツールで縦横180mmの正円を描きます。[スウォッチ]パネルから、先ほどの黄色「C=0 M=24 Y=71 K=0」の色を適用します。[ブラシ]パネルから登録した十字形ブラシを適用すれば光が散りばめられた表現ができます。

5 色とサイズを少し変えて、「C=30 Y=56」で縦横190mmの正円を作成し、十字形ブラシを適用して、先ほどの上に重ねてみましょう。

6 背景の長方形の前面に作成した光の輪を配置します。

編集しやすい雲を描く

イラストの背景に、縁取りを入れた雲を描きます。イラストの表現で紹介した例1「グループ化してアピアランスで太い線を加える」の応用ですが、修正に強い素材を作れるようにしておきましょう。

1 [長方形]ツールでA4サイズの幅（210mm）いっぱいの長方形を描きます。その上部に[楕円形]ツールで正円をいくつか描いて自由に並べてください。隙間は作らず、大小入り混じるような形だときれいになります。

2 長方形と円をすべてを選択して、塗りを白、線をなしにします。⌘＋Ｇキーでグループ化します。

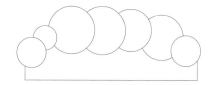
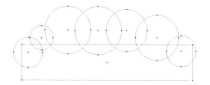

3 [アピアランス]パネルで[新規線を追加]ボタンで線を追加します。色はスウォッチの「C=0 M=24 Y=71 K=0」を選択し、線幅を4mmにして、[アピアランス]パネルで線の重ね順を一番下に移動させます。

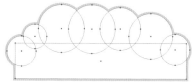

4 グループをイラストの背面に配置し、[ダイレクト選択]ツールで雲のオブジェクトを option キーを押しながら円をドラッグして複製したり、拡大縮小したり、好みに合わせて調整してみ

ましょう。アピアランス内で調整作業をしているかぎりは、全体にかかる線を維持したまま編集することができます。

メタル調の機器のトレース

金属やガラスのような素材感のあるトレース には、
グラデーションやブレンドなどが便利です。
ここではブレンドを中心に、グラデーションと併用して
工業製品の機器のトレースを練習してみましょう。

輪郭や色の境界線をトレースする

ここでは図のようなスマートウォッチ
をトレースして描いてみましょう。

1 A4サイズで新規ドキュメントを作成し、サンプルファイルのa-watch.jpgをドラッグ＆ドロップして配置します。そのレイヤーを[レイヤーオプション]で名前を「下絵」に変更し、[テンプレート]にチェックしてテンプレートレイヤーにします。

2 トレースする物体の輪郭線を探して、[ペン]ツールと[長方形]ツールでパスを描き、大まかにパーツを作成します。本体の後ろに隠れてしまうベルト部分の線は、きれいに描かなくても問題ありません。

次に下絵を見て、グラデーションやブレンドで色をつけるために、色がどこから変化し始めてどこで終わっているかを探します。これには少し慣れが必要ですが、練習をすればどの辺でグラデーションを開始すればいいか判断できるようになります。あとから微調整できるので、自分でわかる範囲でそこにパスで境界線を描いてみましょう。

3 色の変化の境界線にパスを描きます。この段階では色はあまり気にせずに、「色の変化がどの辺まで続いているのか」を目視で確認し、その切り替わりの箇所にパスを描くようにします。右図の青い線が色の境界として描いたパスです。

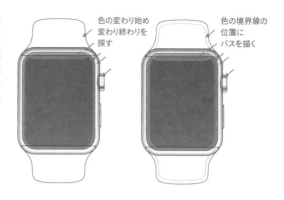

色の変わり始め変わり終わりを探す

色の境界線の位置にパスを描く

ブレンドツールで滑らかに形と色をつなぐ

色の境界線を引いたらパスで挟まれた範囲に、ブレンドで滑らかに色をつけていきます。ここでは、トレースした線の中から、中央の黒いパネル部分の2つの角丸長方形だけを選択し、[option]キー＋ドラッグで右に複製し、そこでブレンドの練習をしてみましょう。

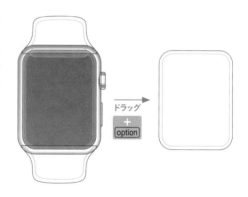

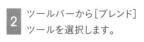 ドラッグ

 + [option]

1 外側のパスの塗りを薄い灰色（K:50％程度）に、内側のパスの塗りを黒（K:100%）に設定します。

2 ツールバーから[ブレンド]ツールを選択します。

ブレンドツール

POINT

ブレンドツール

2つ以上のオブジェクトをクリックすることでその中間の色や形を自動で描画してくれるツールです。段階的に変化する塗りや形を描く場合に便利です。

---

３ ポインターの形が❶のように変化しま
す。最初のオブジェクト（外側の灰色）
にポインターを重ねると、右下にアスタリス
ク（＊）がつく❷のでクリックします。次に、
つなげたいオブジェクト（内側の黒）にポイ
ンターを重ねるとプラス（＋）がつくのでク
リックします❸。これで、ブレンドする２つ
のオブジェクトを指定できました。図では、
わかりやすいように内側の黒いパスを小さく
して左下に配置しています。

４ ［ブレンド］ツールとオブジェクトの選択を維持
したまま return キーを押すか、ツールバーの［ブ
レンド］ツールをダブルクリックして［ブレンドオプ
ション］を開きます（［オブジェクト］メニューから［ブ
レンド］→［ブレンドオプション］でも開けます）。［間
隔］は［ステップ数］❶にして、数値を10❷にして
［OK］します。

POINT

ステップ数の設定

ステップ数は生成される中間オブジェクトの数の指定ですが、あまり大きすぎ
るとデータが大きくなり、アプリケーションの挙動に影響が出やすくなります。
最終的には、利用するイラストのサイズや解像度などを考慮して数値を変更
しましょう。縁に自然なグラデーションが作成できていれば問題ありません。

ブレンドとグラデーションによる塗り

ここからは、輪郭と色の境界のパスをすべて
トレースしてある07-02.aiを開き、［ブレンド］
ツールとグラデーションを併用して、質感
をつけていきましょう。なお、パスにはわかり
やすいように線を設定してありますが、線と
して残すオブジェクト以外の線はなしにして
ください。

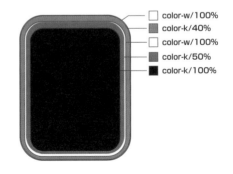

color-w/100%
color-k/40%
color-w/100%
color-k/50%
color-k/100%

1 ボディ部分は角丸長方形の
オブジェクトが5つ重なって
います。それぞれ塗りに［スウォッ
チ］パネルに登録してある「color-w」
と「color-k」を適用します。グロー
バルカラーは［カラー］パネルで
濃度を％で指定できるので、指
定の数値にしてください。

2 外側のオブジェクト3つを選択し、ツール
バーから［ブレンド］ツールを選択します。
3つ以上のオブジェクトをブレンドする場合、効
果をつなげたい順番に適用する必要があるの
で、ここでは外側から順番にクリックします。

3 一度選択を解除してから、同様に、パネル
部分の内側2つのオブジェクトを［ブレン
ド］ツールでクリックしてブレンドします。［ブレ
ンドオプション］は先ほどと同じで問題ありませ
ん（［間隔］は［ステップ数］、数値は10）。

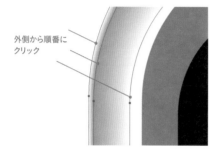

外側から順番に
クリック

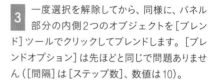

4 パネル部分は、グラデーションで素
材の透明感を出します。［ダイレク
ト選択］ツールで最前面の黒い角丸長
方形だけを選択し、［グラデーション］パ
ネルを開きます。左上の［グラデーショ
ン］をクリックして適用し❶、［角度］を
90°❷にします。開始点❸、終了点❹と
色の分岐点を順にダブルクリックしてス
ウォッチ「color-k」を適用し、開始点は［カ
ラー］パネルの濃度（％）を85％にします。

❷ 90°

color-k/85％ ❸

❹ color-k

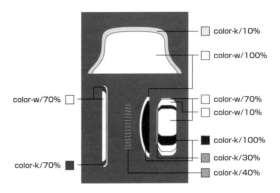

5 ベルト・ボタン・竜頭・凹みの影といったパーツも、同様に[ブレンド]ツールとグラデーションで彩色していきます。まず、各オブジェクトに図のようにスウォッチを適用し、[カラー]パネルで濃度を指定します。細かいパーツが多いので、サンプルデータを参考にしてください。

color-k/10%

color-w/100%

color-w/70% (左)

color-w/70%

color-w/10%

color-k/100%

color-k/30%

color-k/40%

color-k/70%

6 [ブレンド]ツールを選択して、パーツごとにブレンドするオブジェクトを選択して適用していきます。3つ以上のオブジェクトから構成されるパーツは外側または内側から順番にクリックしましょう。凹みの影となるパーツは[不透明度]を50%にし、竜頭のギザギザの線とともに[描画モード]を[乗算]に変更してなじむようにします。

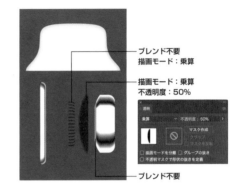

ブレンド不要
描画モード：乗算

描画モード：乗算
不透明度：50%

ブレンド不要

7 ブレンドを実行して、不透明度と描画モードを設定した各パーツを、図のように重ねて配置します。

8 ボディ上部の角丸長方形オブジェクトは反射の光沢を表現するためです。[グラデーション]パネルで、図のようにグラデーションの設定をして適用します。

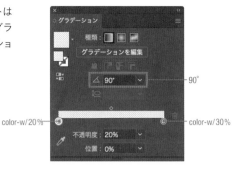

color-w/20%

color-w/30%

90°

9 より自然な反射の形にします。[オブジェクト]メニューから[エンベロープ]→[ワープで作成]を選択します。[ワープオプション]で[スタイル]から[膨張]を選び❶、[カーブ]を20%にして❷[OK]します。これで完成です。

画面表示を重ねる

モニタ部分に画面表示を重ねる場合は、さらに半透明の白などを
重ねるとガラスのような光を表現することができます。

1 モニタの前面に、表示面の大きさの角丸長方形を作成して、その背面に任意のイラスト（グループ化しておきます）を配置し、2つを選択して[オブジェクト]メニューから[クリッピングマスク]→[作成]を実行してクリッピングマスクにします。

2 その前面に表示面の角丸長方形を斜めに切ったパスを配置し、塗りをグラデーションにし、グラデーションの[角度]を90°、開始点と終了点の色をスウォッチ「color-w」で[不透明度]0〜30%に設定しています。

7 3 写真トレースで作る ショップカード

ナチュラルな雰囲気のショップカードを作ってみましょう。
ここでは写真を自動でトレースしてくれる[画像トレース]機能を使って、
簡単に雰囲気のあるベクトルイラストにしてみましょう。

おもて面

うら面

ドキュメントを設定する

1 一般的な名刺サイズの幅 91mm×高さ55mmの新規ド キュメントを作成します。その際、 [アートボード]2、[裁ち落とし]天 地左右3mm、[カラーモード] CMYKカラー、[ラスタライズ効果] 高解像度(300ppi)にしてください。

2 ドキュメントが作成さ れたら、[アートボー ド]パネルでアートボード の名前を1つは「おもて 面」、もう1つは「うら面」と しておきましょう。

3 これからの作業は[コントロール]パネルを表示した方が便利 です。表示されていない場合は[ウィンドウ]メニューから[コン トロール]にチェックして表示してください。

コントロールパネルなし

コントロールパネルあり

画像トレースを使って自動でパスにする

画像トレースとはラスタライズ画像 (JPEG、PNG、PSD など) をベクトル変換
することができる機能です。まずは「おもて面」から作っていきましょう。

ツタの画像のトレース

1 「おもて面」アートボードにサンプルファイル の flower 201261781_TP_V4.jpg を配置 します。[ファイル] メニューから [配置] で選 ぶか、ファイルを直接ドラッグ&ドロップして配 置してください。

2 画像を選択した状態で、[コントロール] パ ネルの [画像トレース] をクリックします (ま たは [オブジェクト] メニューから [画像トレー ス] → [作成])。白と黒の二階調化した画像が 表示されますが、ほとんど白くなるはずです。明 るい色合いの画像は一度ではうまくいきません。

3 [コントロール] パネルの [画像トレースパ ネル] ボタンをクリックします (または [ウィ ンドウ] メニューから [画像トレース])。

画像トレースパネル

4 [画像トレース] パネルで [プレビュー] にチェッ クを入れて❶、[しきい値] (初期設定 128) を 200 程度にします❷。ツタのシルエットがくっきりし てきます。しきい値より明るいピクセルはすべて白に、 暗いピクセルはすべて黒に変換されます。値を上げ ることで黒に変換される範囲が多くなります。

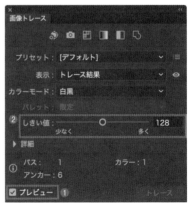

5 [画像トレース]パネルの[詳細]をクリックして❶パネルを展開します。[オプション]の[ホワイトを無視]にチェックを入れます❷（カラーモードが白黒のときのみ[ホワイトを無視]は出現します）。この状態で[コントロール]パネルの[拡張]をクリックします❸。

6 これでベクトル画像に変換できました。結果はグループ化されますが、今回は右側のツタだけ使いたいので、右側だけグループに残し、左側のツタは削除しましょう。

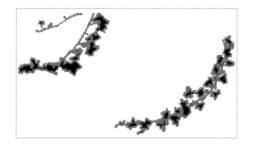

フルーツの画像のトレース

同じようにフルーツの写真も画像トレースします。この画像は白黒ではなくカラーの状態でトレースします。

1 サンプルファイルのPhotoelly030_TP_V4.jpgをドラッグ＆ドロップでカンバスに配置します。

2 配置した画像を選択した状態で、[画像トレース]パネルの一番上に並んだプリセットアイコンの中から、カメラのアイコンの[カラー（高）]をクリックします。処理には少し時間がかかるかもしれません。

3 カラーでトレースされます。もう少し色数を減らしてイラストのような雰囲気にしたいので、[画像トレース]パネルの[カラー]を50に変更して、[コントロール]パネルの[拡張]をクリックしてパス化します。

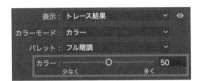

4 できたパスを「おもて面」のアートボードにレイアウトしましょう。左側にロゴを置くので、右寄りにレイアウトします。アートボード左側に隙間ができた場合は裁ち落としの線までパスを伸ばすようにしてください。

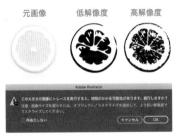

POINT

元画像の解像度で結果が変わる

画像トレースは元画像の解像度が大きいと、より詳細な描画ができます。

ただし大きい画像は処理に時間を用するためこのようなダイアログが出ます。高解像度の画像を処理する場合は、いったん保存しておくようにしましょう。

元画像　　低解像度　　高解像度

パペットワープでロゴを飾る

先ほどトレースしたツタをパペットワープで整えてロゴの飾りにします。

1 テキストツールで「Ai Smoothie」と入力します。ここではフォントをAdobe FontsのCinque Donne Boldにして、サイズは22ptにしました。

2 ［選択］ツールで、ツタを選択して回転させ、-35°傾けて水平に近い状態にします。

3 ツタを選択した状態で［パペットワープ］ツールを選択して、図のように4点ポイントを打ちます。

4 一番右側を下げ、右から二番目を上に、一番左を下げて波のような形にします。

5 大きさを整えてロゴの背面にレイアウトしてみましょう。ロゴが読みやすいように薄い色にするのがおすすめです。ここではC:7% M:7% Y:17% K:0%にしています。

Ai Smoothie

Photoshop効果で素材感をプラスしよう

［効果］メニューのPhotoshop効果を適用すると、Illustrator上でPhotoshopで加工したような効果を施すことができます。

1 「おもて面」アートボードの左端に、作ったロゴをレイアウトして、写真のトレースより前面に重ねます。全体を ⌘ ＋ Ｇ キーでグループ化します。

2 グループを選択した状態で［効果］メニューから［効果ギャラリー］を選択します。

3 ［フィルターギャラリー］のウィンドウが開きます。中央の効果から［テクスチャ］→［テクスチャライザー］を選択します❶。左側のプレビューを見ながら、右側で設定して紙のような素材感をつけていきましょう。ここでは［テクスチャ］を［キャンバス］、［拡大・縮小］を200%、［レリーフ］を1にして❷［OK］します。

テクスチャをつけることによりナチュラルな雰囲気のデザインが仕上がりました。トレースしたパスグループの前面に裁ち落としサイズの長方形（97×61mm）を作り、クリッピングマスクしておくとよいでしょう。

グリッドに分割でスタンプ欄を作る

続いてうら面のデザインをしていきます。うら面はスタンプカードになっています。決まった範囲の中に等間隔の枠を作る場合は［グリッドに分割］機能が便利です。

1 ［長方形］ツールで幅85mm×高さ36mmの長方形を作り、塗りはC:0% M:2% Y:15% K:10%にします。アートボード「うら面」の、上から3mm下の位置に配置します。

2 長方形を選択した状態で［オブジェクト］メニューから［パス］→［グリッドに分割］を選択します。

3 ［グリッドに分割］ダイアログが開きます。縦に3つ、横に5つに分割して、枠の間隔を2mm空けたいので、［行］の［段数］を3❶、［間隔］を2mm❷、［列］の{段数}を5❸、［間隔］を2mm❹にして［OK］します。

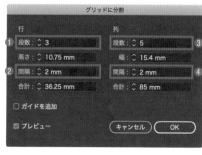

4 分割された枠の角をライブコーナーで丸くしましょう。［ダイレクト選択］ツールに替えて、［コントロール］パネルの［コーナー］を2mmに設定してください。コーナーウィジェットを操作して角丸にする方法もあります。

5 おもて面のロゴをコピーして縮小して配置します。［文字］ツールで文章を入れ、名前を書く欄の直線をレイアウトすれば、うら面の完成です。

7 — 4

アナログ感のある カフェのチラシ

これまで学習してきた内容をふまえながら、
カフェのチラシを作ってみましょう。
ブラシやアピアランスを使うと、
Illustratorでもアナログ感のある作品に仕上げることができます

完成サイズのアートボードを作る

今回はB5サイズのチラシを作ります。

1 ⌘＋Nキーで［新規ドキュメント］
ウィンドウを表示し、タブで［印刷］を
選択①、［すべてのプリセットを表示］をク
リックすると出てくる［B5］を選択します②。
右側の詳細で、［方向］たて、［アートボー
ド］1③、［裁ち落とし］天地左右3mm、［カ
ラーモード］CMYKカラー、［ラスタライズ
効果］高解像度（300ppi）に設定して④、
［作成］をクリックします。

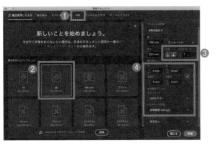

2 B5サイズのアートボードで、新規ドキュメント
が作成されますので、ここで名前をつけていっ
たん保存しておきましょう。

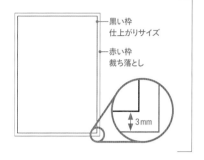

画像を配置する

店内の様子がよくわかるよう、全体の3/5程度を写真にします。

1 ［長方形］ツールでドラッグして上半分よ
り少し大きくなるように長方形を作ります。
天と左右は裁ち落としの枠まで広げておきます。

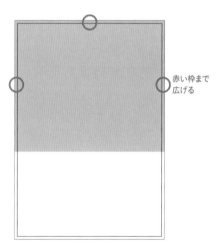

赤い枠まで
広げる

2 この領域に画像を表示します。［ファイル］
メニューから［配置］をクリックして
ogasuta458A7873_TP_V4.jpgを選択します。
長方形を覆うようにドラッグして、ボタンを放す
と画像が配置されます。［選択］ツールで画像
の位置や大きさを調整して、見せたい部分がオ
ブジェクトの中に収まるようにしてください。

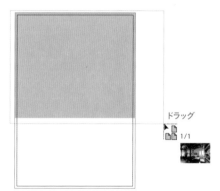

ドラッグ

3 配置した画像を選択した状態で、⌘＋Shift
＋[キー（最背面へ）で、写真を長方形の
背面に移動させます。

4　オブジェクトと背面の写真の両方を選択して、[オブジェクト]メニューから[クリッピングマスク]→[作成]を実行すると画像がマスクされます。再び画像の表示位置や大きさを調節したいときは、[選択]ツールでダブルクリックするとマスクの内部を編集できます。

5　アートボードの下部に[長方形]ツールで長方形を作り、塗りを深い緑(C:30% M:0% Y:30% K:90%)にします。こちらも左右と地は裁ち落としの枠まで広げておきます。⌘+[□]キーで写真の背面に移動させます。

基本図形とライブコーナーで描くアイコン

カフェの情報を箇条書きする部分の行頭に入れる、コーヒー豆のアイコンを作成します。

1　[楕円形]ツールで、塗りのみの幅20mm×高さ30mmの楕円を描きます。次に[長方形]ツールで、幅2mm×高さ32mmの長方形を描きます。重ね順は長方形が前面、楕円形が背面です。[選択]ツールで両方まとめて選択し、[整列]パネルの[水平方向中央に整列]で中央に揃えます。

2　2つを選択したまま、[パスファインダー]パネルの[形状モード]の[前面オブジェクトで型抜き]をクリックします。長方形が消え、楕円形は2つに分割されます。

191

3 ［ダイレクト選択］ツールで尖った部分4箇所をドラッグして選択します。現れるコーナーウィジェット（二重丸）をドラッグして角を丸くします。コーナーウィジェットは角の丸さを直感的に調節できます。

4 ［選択］ツールでオブジェクトを選択して-30°程度傾けてコーヒー豆のアイコンの完成です。

5 ［文字］ツールでエリアテキストを作成し、塗りを白で図のようにテキストを入力します。アイコンを文字サイズに合わせて縮小し、塗りは白にして、コピー＆ペーストしながらそれぞれの行頭に配置しましょう。

> ⬤ 渋谷区恵比寿西1丁目
> ⬤ 03-0000-0000
>
> ⬤ 営業時間 10:00 ~ 20:00
> ⬤ 定休日 木曜
>
> ⬤ 駐車場あり

ブレンドで斜線の罫線を作る

文字のエリアを2つに分けるストライプの罫線を作ります。

1 ［長方形］ツールで幅1mm×高さ3mmの長方形を作ります。

2 ツールバーで［シアー］ツールをダブルクリックし、［シアーの角度］を45° ❶、［方向］を［水平］にして❷［OK］し、平行四辺形にします。

3 ［選択］ツールで Shift + option キーを押しながらこれを水平方向にドラッグして複製し、罫線の長さの両端の位置に配置します。

4 ［ブレンド］ツールを選択し、2つの平行四辺形を順にクリックすると自動的に間が埋まります。数を調節する場合は［ブレンド］ツールのダブルクリックで［ブレンドオプション］を表示させ、［間隔］を［ステップ数］にして数値を変更してください。ここでは50にしています。

///

5 塗りの色を白にし、緑の長方形の真ん中くらいに置きましょう。［選択］ツールでダブルクリックしてブレンドの編集モードに切り替えてから、両端の平行四辺形の位置を移動すれば、長さを調節できます。

///

ペンツールを使ってロゴマークを作る

パスでオリジナル文字を描く

カフェの顔となるロゴマークを作ってみましょう。ここでは既存のフォントを使わず、パスで描いた線に[線幅]ツールで太さに強弱をつけて作っています。

1 4章を参考に、元になるロゴを[ペン]ツールを使って、パスのみで描いてみましょう。紙に手描きした下絵を取り込んでトレースしてもかまいません。オリジナリティ溢れる文字を作ってみましょう。サンプルデータ cafe-logo.ai に、このロゴの線に強弱をつけていないデータが入っています。

2 元になるパスが描けたら[線幅]ツールを選択して、ところどころ線幅を膨らませていきます。ほんの少し膨らませるだけでも表情が変わります。

POINT

パスの片側だけ膨らませる

option キーを押しながらドラッグするとパスを中心に片方だけを膨らませることができます。

ドラッグ

六角形の枠を作る

ロゴを囲む六角形の枠を作りましょう。

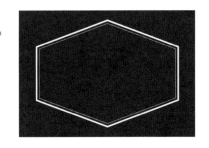

1 [多角形] ツールで塗りなしで、線のみ (線幅 0.5 mm) の六角形を描画します。カンバスをクリックして [多角形] で [半径] を 29mm ❶、[辺の数] を 6 にして ❷ [OK] します。

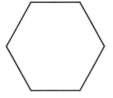

2 選択状態でコーナー外側をドラッグして 90°回転させ、[コントロール] パネルの [変形] をクリックして、[高さ] (H) を 36mm にします。

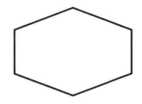

3 線を二重線にします。[オブジェクト] メニューから [パス] → [パスのオフセット] を選択し、[オフセット] を -1mm ❶、[角の形状] は [マイター] にして ❷ [OK] します。

4 内側に一回り小さな六角形が描画されました。内側の [線幅] を 0.1mm にして、先ほど作ったカフェのロゴを配置します。ロゴの下に「COFFEE AND PANCAKE」とテキストを添えてロゴマークの完成です。

地図を描く

お店の地図を作りましょう。道路は手描き風のブラシにしてアナログ感を出します。線路は JR と私鉄で描き分けます。線の模様はアピアランスで設定して再編集に強いデータにします。

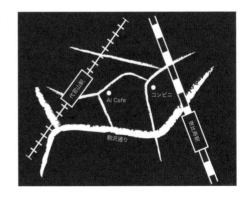

道路を描く

1 サンプルデータのcafe_map.aiを開きます。一番下の
レイヤーに地図を手描きした画像を取り込んでテンプ
レートレイヤーにしています。描画するレイヤー以外は、
適宜レイヤーを非表示にして作業してください。

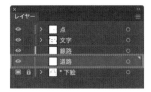

2 「道路」レイヤーを選択して、[ペン]ツー
ルで道路を描きます。塗りはなし、線の
みで下絵の道路の中央にパスを置きます。

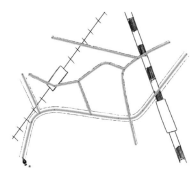

3 カジュアルな感じにしたいので道路を手描きの
ような線にします。道路のパスを選んだ状態で、
[ブラシ]パネルの左下にある[ブラシライブラリメ
ニュー]ボタンから[アート]→[アート_木炭・鉛筆]
をクリックします。

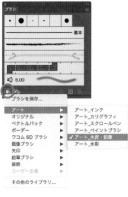

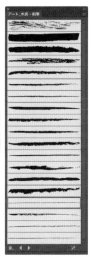

4 [アート_木炭・鉛筆]パネルが開くの
で好きなブラシを選びます。ここでは
[木炭・細]を選択します。駒沢通りのパス
の[線幅]を太くし、他の道は細くします。

私鉄の線路を描く

線路は地図でよく使うのでアピアランスで制作しておくと便利です。
まず私鉄の線路を描いてみましょう。

1 「線路」レイヤーを選択して、[ペン]ツールで下絵に沿って1mmの太さの直線を描きます❶。[アピアランス]パネルを開き、[新規線を追加]ボタンで線を追加します。上になったほうの[線幅]を6mmにします❷。

2 6mm幅の線を選択した状態で、[線]パネルを開き[破線]にチェックを入れて❶、[線分]を1mm❷、[間隔]を6mm❸にします。私鉄の線路ができました。

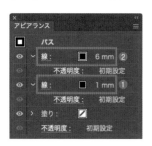

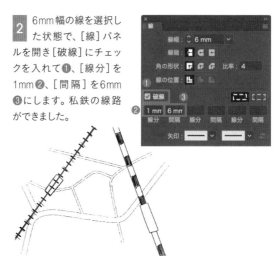

JRの線路を描く

JRの線路を表すのによく使われる縞模様の線路を描きます。

1 下絵に沿って6mmの太さの直線を描きます❶。[アピアランス]パネルの[新規線を追加]ボタンで線を追加し、上になったほうの[線幅]を4mmにして、色を白にします❷。

2 線パネルの[破線]にチェックを入れて❶、[線分]を13mmにしてください。縞模様の線路ができました❷。

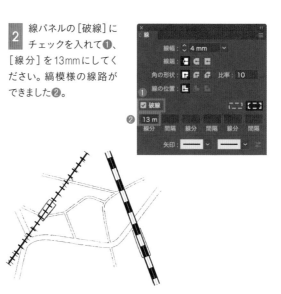

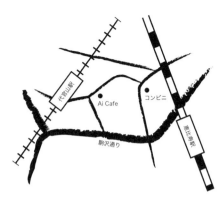

3 線路の前面に［長方形］ツールで長方形を描き、線路に合わせて回転させ、駅にします。前面の「文字」レイヤー、「点」レイヤーも含め、すべてのレイヤーを表示させて、「下絵」レイヤーを削除すれば地図の完成です。

一度の操作で色を変える

地図は黒で作成しましたが、深い緑の背景に置くために白抜きにしたいので、黒色になっているところを白色に変更します。［オブジェクトを再配色］は、線、塗り、パターンの色を一度に変えることができる大変便利な機能です。

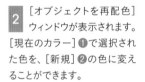

1 地図をすべて選択し、［編集］メニューから［カラーを編集］→［オブジェクトを再配色］を選択します。表示されたダイアログの右下［詳細オプション］をクリックします。

2 ［オブジェクトを再配色］ウィンドウが表示されます。［現在のカラー］❶で選択された色を、［新規］❷の色に変えることができます。

3 ❶と❷の間が「―」になっていると❸色を変更できないので、ここをクリックして「→」に変えてください❹。

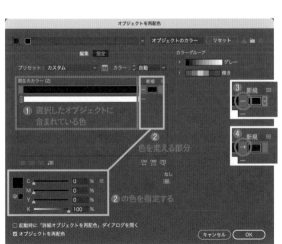

4 ［新規］の色のサムネールをクリックし❶、下部のスライダーで［K］を0％にして、白にします❷。これで黒い線と塗りがすべて白になります。

5 地図内で白い部分（駅の長方形の塗り・JR線の縞）は、地図を配置する背景と同じ色の、深い緑に変更します。[新規]の2行目に枠がありませんが、空白の部分をクリックすると「現在のハーモニーカラーに新規カラーを追加しますか？」というダイアログが出るので[はい]をクリックします。

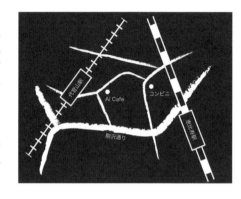

6 2行目の白も変更可能になりますので、1色目の黒と同様に[新規]の色のサムネールをクリックして背景と同じ色（C:30％ M:0％ Y:30％ K:90％）に変えます。[OK]すると、色変えを一度で処理することができます。

地図の大きさを調節してグループ化し、チラシのドキュメントにコピー＆ペーストで配置してください。

タイトル周りをデザインする

テキストにアピアランスで格子模様の装飾をする

タイトルの文字は、カフェの居心地良さを感じさせるように手描き風の塗りと線にします。

1 [文字]ツールで「NEW OPEN」と入力します。ここではフォントはNueca Sta、サイズは140ptにします。

NEW OPEN

2 ツールバーで文字の塗りと線をなしにして、[アピアランス]パネルで[新規塗りを追加]ボタンで塗りを追加して、色を黒にします。その塗りを選択した状態で、[効果]メニューから[スタイライズ]→[落書き]を選択します。[落書きオプション]で[角度]45° **1**、[線幅]0.2mm **2**、[間隔]0.3mm **3**、[変位]0.5mm **4** に設定して[OK]します。斜めに落書きしたような効果がつきます。

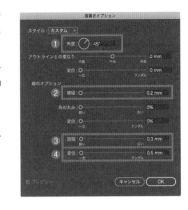

NEW OPEN

3 この塗りを選択した状態で、[アピアランス]パネルの[選択した項目を複製]ボタンで塗りを複製します。複製した塗りの[落書き]効果をクリックして、[落書きオプション]の[角度]を-45°に変更します。斜線が逆向きに重なり格子状になりました。

NEW OPEN

4 手書き風の縁取り線を追加します。[アピアランス]パネルの[新規線を追加]ボタン**1**で線を追加します**2**。線の項目を選択した状態で[ブラシ]パネルを開き、パネル左下の[ブラシライブラリメニュー]ボタンから[アート]→[アート_木炭・鉛筆]を選択します。[アート_木炭・鉛筆]パネルが開くので好きなブラシを選びます。ここでは「木炭画-鉛筆」にします。

NEW OPEN

完成したテキストを[グラフィックスタイル]パネルにドラッグして、スタイルを登録しましょう。
サブの「12.10 sat 10:00」のテキストを少し小さいサイズでその下に入力して、同じスタイルを適用します。その下の2行のテキストは、[文字]ツールで色は白で入力しましょう。こちらには特に効果は施しません。

太陽の光のような飾りを作る

タイトルの上に放射状の線を入れて目立たせましょう。

1 ［ペン］ツールか［直線］ツールで12mm程度の縦線を描き、［線］パネルで［線端］を［丸形線端］にします。それを
［選択］ツールで Shift + option キーを押しながら3mmほど横にドラッグして複製します。直前の処理を繰り返すショートカットキーの ⌘ + D を繰り返し押して、16本くらいに増やします。

2 線をすべて選択した状態で、［オブジェクト］メニューから［変形］→［個別に変形］を選択します。［個別に変形］で［拡大・縮小］の［垂直方向］を70%にし**1**、［オプション］の［ランダム］にチェックを入れます**2**。［変形の起点］を［中央下］**3**
にして［OK］します。線の長さがそれぞれランダムになりました。

3 線をすべて選択して ⌘ + G キーでグループ化し、
［効果］メニューから［ワープ］→［円弧］を選択します。［ワープオプション］で、［水平方向］を選択し**1**、
［カーブ］を70%に設定して**2**［OK］します。

4 放射状の飾りができました。［効果］メニューから［パスの変形］→［ラフ］を適用させ、手描き風の効果を加えても素敵でしょう。

これでタイトルの部分が完成しました。先ほど作ったタイトルテキストと合わせて［オブジェクトを再配色］で黒を白に一括で変更します。バランスよくレイアウトして完成です。

付録　効果一覧

[効果] はオブジェクト、グループ、レイヤーに施すことで
見た目を変更したり特性を変更することができます。
付録として、見た目を変更する効果を中心に、
よく使う[効果]を一覧にしましたので制作の参考にしてください。

効果の種類について

メニューバーの [効果] を見てみましょう。上半分
の [Illustrator効果] はベクトルデータのまま効果
がかかります。
下半分の [Photoshop効果] は Illustrator上で
いったんラスターデータ (画像) に変換したうえで
効果をかけている状態です。そのため Photoshop
で加工したような効果を与えることができますが、
オブジェクトによってはエッジが荒れて見えてしま
うことがあります。

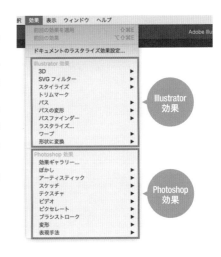

効果のサンプルデータ

今回はこちらのドット柄のパターンを適用させた四角いオブジェクトとテキストに効果を与えました。
これらのデータはサンプルファイル effects.ai に入っています。

効果をかける前の
オブジェクト

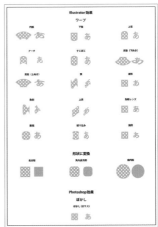

201

¦Illustrator効果

3D

押し出し・ベベル	回転体	回転

参考▶ P.164

スタイライズ

ぼかし	ドロップシャドウ	光彩（内側）	光彩（外側）

参考▶ P.171 　参考▶ P.088,093,137, 141,151 　参考▶ P.152

落書き	角を丸くする

参考▶ P.150,199

パスの変形

ジグザグ	パスの自由変形	パンク・膨張	ラフ

参考▶ P.113,136,154 　　　参考▶ P.091,173 　参考▶ P.113,151,154, 161

ランダム・ひねり	変形	旋回
	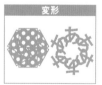	

参考▶ P.131,155,158, 160,200

ワープ

円弧	下弦	上弦	アーチ

でこぼこ	貝殻（下向き）	貝殻（上向き）	旗

波形	魚形	上昇	魚眼レンズ

膨張	絞り込み	旋回

参考▶P.181

形状に変換

長方形	角丸長方形	楕円形
		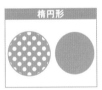

参考▶P.145　　　　　　　　参考▶P.127,161

Photoshop効果

ぼかし

ぼかし（ガウス）

参考▶P.171

INDEX

著者紹介

北村 崇(Takashi Kitamura)

popIn株式会社 デザイナー／
フリーランス デザイナー／
Adobe Community Evangelist

1976年生まれ、神奈川県秦野市出身。事業会
社のデザイナーとして広告サービスやIoTのUI/
UXデザインを行うかたわら、フリーランスとして
もグラフィックデザインやWeb制作を請け負っ
ている。またセミナーや研修、執筆、プロジェク
トのアドバイザーなど、制作業務以外の活動や
サポートも行っている。にんにくとビールが好き。
貝とレバーと辛いものは食えない。

渋谷 瞳(Hitomi Shibuya)

デザイナー／イラストレーター
アパレル業界のグラフィックデザイナーを経て
Webデザイナーとして制作会社に所属。
Twitterにおいて「簡単でたのしく」をテーマに
IllustratorなどのAdobe製品のTipsを紹介して
いる。
SNS:@shibuyamiam (Twitter)

仕事で一生使える
Illustrator
トレーステクニック

2021年5月13日　初版　第1刷発行

著　者　　北村　崇、渋谷　瞳
発行者　　片岡　巌
発行所　　株式会社技術評論社
　　　　　東京都新宿区市谷左内町21-13
　　　　　電話　03-3513-6150 販売促進部
　　　　　　　　03-3513-6185 書籍編集部
印刷／製本　日経印刷株式会社

カバー&本文デザイン　加納啓善(山川図案室)

本文レイアウト　中沢岳志、
　　　　　　　　加納啓善(山川図案室)

編集　和田 規

お問い合わせに関しまして

本書に関するご質問については、下記の宛先にFAXもし
くは弊社Webサイトから、必ず該当ページを明記のうえお
送りください。電話によるご質問および本書の内容と関係
のないご質問につきましては、お答えできかねます。あらか
じめ以上のことをご了承の上、お問い合わせください。
なお、ご質問の際に記載いただいた個人情報は質問の返
答以外の目的には使用いたしません。また、質問の返答後
は速やかに削除させていただきます。

宛先

〒162-0846
東京都新宿区市谷左内町21-13
株式会社技術評論社　書籍編集部
「仕事で一生使える Illustratorトレーステクニック」係
FAX:03-3513-6181

技術評論社 Web サイト
https://gihyo.jp/book/

ISBN978-4-297-12102-0　C3055
Printed in Japan